Orientierung für ein neues Europa

Orientierung für ein neues Europa durch Markt- und Sozialforschung

Soziale Beziehungen, wirtschaftliche Verflechtungen, politische Verantwortung

Herausgegeben von
Gerhard Breunig, Berufsverband Deutscher Markt- und Sozialforscher e.V. (BVM),
Dieter Franke, Arbeitskreis Deutscher Marktforschungsinstitute e.V. (ADM)
Joachim Scharioth, Arbeitsgemeinschaft Sozialwissenschaftlicher Institute e.V. (ASI)

R. Oldenbourg Verlag München 1993

Dieses Buch dokumentiert die Vorträge der gemeinsamen Tagung des Arbeitskreises Deutscher Marktforschungsinstitute (ADM), der Arbeitsgemeinschaft Sozialwissenschaftlicher Institute e.V. (ASI) und des Berufsverbands Deutscher Markt- und Sozialforscher e.V. (BVM): „Soziale Beziehungen, wirtschaftliche Verflechtungen, politische Verantwortung: Orientierung für ein neues Europa durch Markt- und Sozialforschung", die am Freitag, den 30. Oktober1992 im Wissenschaftszentrum Bonn/Bad Godesberg stattfand.

Die Deutsche Bibliothek – CIP-Einheitsaufnahme

Orientierung für ein neues Europa durch Markt- und Sozialforschung : soziale Beziehungen, wirtschaftliche Verflechtungen, politische Verantwortung ; [Vorträge der gemeinsamen Tagung des Arbeitskreises Deutscher Marktforschungsinstitute (ADM) ... „Soziale Beziehungen, wirtschaftliche Verflechtungen, politische Verantwortung: Orientierung für ein neues Europa durch Markt- und Sozialforschung", den 30. Oktober 1992 im Wissenschaftszentrum Bonn/Bad Godesberg] / hrsg. von Gerhard Breunig ... – München : Oldenbourg, 1993
ISBN 3-486-56041-7
NE: Breunig, Gerhard [Hrsg.]; Arbeitskreis Deutscher Marktforschungsinstitute

Umschlaggestaltung: Dieter Vollendorf
Satz und Druck: R. Oldenbourg Graphische Betriebe GmbH, München

ISBN 3-486-56041-7

Inhalt

Joachim Scharioth/Ekkehard Mochmann

Einleitung

Die letzte gemeinsame Tagung von ADM, ASI und BVM war ein Glücksfall, weil sie die Marktforschung seit Kriegsende bis zum Ende der alten Bundesrepublik Deutschland zum Thema hatte und wir dadurch einen Überblick geben konnten, was 40 Jahre Marktforschung in der Bundesrepublik bewegt haben.

Heute haben wir vielleicht das spannendste Thema, das uns gegenwärtig bewegt, das aktuell ist, auch wenn es sich so schwergängig liest und so komplex formuliert ist: „Soziale Beziehungen, wirtschaftliche Verflechtungen, politische Verantwortung. Orientierung für ein neues Europa durch Markt- und Sozialforschung“. In diesem Thema schwingen eine Menge von Topics an, die uns im Moment alle elektrisieren, sei es die Qualität des Miteinander, sei es die Idee der lernenden Organisation: Wie kann nicht nur das Individuum lernen, wie können auch Organisationen lernen, Innovationen, technische und soziale, hervorzubringen und sich zu verändern.

Im Jahre 1991 wurde in einer Studie untersucht, was die deutschen Manager im Rahmen des Total Quality Managements am meisten bewegt und wo sie den höchsten Nachholbedarf sehen. An der Spitze steht Kundenbindung, Kundenorientierung, den Kunden in das eigene Sozialsystem einbeziehen; danach Dynamik, Innovation, die Frage, wie ein solches soziales Geflecht im ständigen Wandel tatsächlich organisiert werden kann. Produkt- und Dienstleistung, die Null-Fehler-Mentalität, die aus Japan zu uns gekommen ist, liegt an dritter Stelle. Es folgt dann die Orientierung auf die eigenen Mitarbeiter, wieder ein soziales Gefüge, das es zu managen gilt. Das Management von Beziehungen wird zur zentralen Aufgabe unserer Wirtschaft.

Die Engländer haben uns voraus, daß sie für solche Trends immer wunderschöne Begriffe finden, die kurz, knapp und zumindest für uns Nicht-Engländer sehr klar klingen. Total Quality Management, Change Management, Time Management, Learning Organisation, Relationship Marketing, Customer Satisfaction – alles Begriffe, die diese Idee der Qualitätsverbesserung von sozialen Beziehungen in Institutionen, Unternehmen und Organisationen zum Inhalt haben. Allen gemeinsam ist, daß Fachgebiete, die sich immer mehr differenziert haben und die eigentlich schon fast nichts mehr miteinander zu tun hatten, nun wieder zusammenkommen müssen, und in diesem Sinne ist der heutige Tag ein Zeichen. Dies gilt sowohl für die verschiedenen sozialwissenschaftlichen Disziplinen als auch für den Zusammenhang zwischen Marktforschung und Sozialwissenschaften. Die Chancen für die Marktforschung, für das Marketing, tatsächlich im Zentrum des Unternehmens zu stehen und die Einheit zu sein, die diesen Total Quality-Prozeß in den Unternehmen und Organisationen steuert, ist so groß wie nie zuvor.

Die Wurzeln, aus denen wir unsere Überlegungen entwikkeln, sind uralt. Es sind alles Dinge, die wir in unserem Grundstudium bereits gelernt haben. Wir erinnern an Margaret Mead, die bereits formuliert hat, daß „eine fundamentale Voraussetzung für einen bewußten oder weltreflektierenden Wandel das Wissen ist, wie Mitglieder anderer Gesellschaften sich in anderer Weise verhalten. Wird das Handeln jedoch aus der Überzeugung bestimmt, daß man so handelt, wie man handelt, weil man zu dieser einen Gesellschaft gehört, dann gilt es quasi als angeboren und ist eine effiziente Barriere gegen allen Wandel". Und genau das müssen unsere Institutionen, sowohl Parteien wie Kirchen oder Unternehmen, beherzigen. Sie müssen erreichen, daß die eigenen Mitarbeiter sich so stark mit dem Unternehmen identifizieren, daß ein Abweichen von der Norm dieser Organisation oder Institution nicht stattfindet, daß man aber auf der anderen Seite so offen ist und so viel über Lösungen in anderen Gesellschaften weiß, daß man bereit ist für den Wandel, für die Veränderung.

Ein typisches Beispiel für die Notwendigkeit der Berücksichtigung „anderer Gesellschaften" ist die Mundpropaganda. Unsere sozialen Institutionen, unsere politischen Institutionen, auch unsere Unternehmen leiden darunter, daß positive Erlebnisse mit ihnen nur an drei weitere Personen kommuniziert werden, eher negative Erlebnisse aber an zehn bis zwölf Leute. Wenn man dies berücksichtigt, müssen immer mehr als 80% derjenigen, mit denen ich als Institution oder Organisation in Verbindung komme, einen positiven Eindruck von mir haben, um positiv beurteilt zu werden. Nur dann bekennt sich das Umfeld zu einer Organisation.

Im Marketingdeutsch heißt die Tätigkeit, wie ich das erreiche, „Relationship-Marketing", auch faithfulizing genannt. Dies kommt von faithfulness, Treue und Anhänglichkeit, aber mit dem Begriff „faithfulizing" hinweisend auf den Prozeß, die Aktivität, wie ich denn erreiche, daß jemand loyal zu mir steht, zu meiner Organisation, Treue und Anhänglichkeit beweist. Wir alle sind in unseren Organisationen darauf angewiesen, daß dieses passiert – denn keiner von uns lebt davon, daß jemand uns heute gut findet, morgen wieder schlecht und übermorgen wieder ganz woanders ist, sondern wir alle leben davon, daß es uns gelingt, tatsächlich loyale Dauerbeziehungen aufzubauen.

In seinem Konzept zur sozialen Beziehung „social relationship" hat Max Weber in „Wirtschaft und Gesellschaft" auch hier die Grundlagen gelegt. Nicht der permanent aufeinanderfolgende Kontakt, sondern das Handeln im Geist der Beziehung als Ergebnis der Kommunalisierung, der freiwillig gewonnenen gemeinsamen Überzeugung und Solidarität, stabilisiert und aktiviert die soziale Relation und ist vergleichsweise wenig anfällig gegen punktuelle Neuorientierung. Derjenige, der sich von uns mit Total Quality Management beschäftigt, kann die Aktualität dieses Satzes überhaupt nicht unterschätzen. In diesem Satz steht das gesamte Dilemma aller Kunden- und Mitarbeiter-Relationship-Politik unserer Unternehmen, Institutionen und politischen Parteien. Im Vordergrund steht, daß es eben nicht darum gehen kann, ständig mit jedem Kontakt zu haben, was in unseren Massengesellschaften überhaupt nicht mehr möglich ist, sondern daß es darum geht, einen Geist zu schaffen, in dem möglichst viele von uns sich zusammengehörig fühlen und in unserem Sinne handeln. Ob Standestradition oder modernes Organisationsverständnis – diese Beziehung zwischen Organisation und Kunden ist immer die Herstellung einer universellen Beziehung, die unabhängig von der permanenten sozialen Interaktion ist und die damit Feedback-Möglichkeiten über die Zeiten stabilisiert.

Wie schafft man es eigentlich, mit diesem Beziehungsgeflecht umzugehen, in dem unsere Organisationen sich bewegen und wo sie sich herausgefordert fühlen? Darauf wollen wir heute Antworten geben. Wir haben dasselbe Konzept gewählt, wie ADM und ASI damals in Köln, indem wir die Frage an die relevanten Bereiche unserer Gesellschaft gestellt haben, an Wissenschaft, Wirtschaft, Politik und Kultur, in diesem Fall ergänzt um die Fragestellung: „Und wie verhalten sich denn andere, die außerhalb unserer eigenen Geistes- und Kulturtradition stehen, in einer solchen Situation?“

Wir starten den heutigen Tag mit der Wissenschaft und wir beenden ihn damit. Prof. Jürgen Friedrichs untersucht die Bedeutung und Entwicklung der sozialen Beziehung in einem der klassischen Umfelder, nämlich der Stadt, und zeigt, wie stark solche Beziehungen an das eigene Umfeld sind. Professor Yasusada Yawata – „Ganz, ganz herzlichen Dank, daß Sie den weiten Weg von Tokio hierhin gekommen sind“ – macht uns deutlich, wie in Japan das Relationship Marketing zum Kunden ergänzt wird um ein Relationship Marketing zu Mitarbeitern, zeigt aber auch deutlich, daß der japanische Weg nicht unser Weg sein kann.

Nach diesen grundlegenden Überlegungen kommen drei Macher – drei, die mit diesem Beziehungs-Management täglich umgehen müssen und die tatsächlich das in Wirklichkeit umgesetzt haben, worüber wir alle reflektieren;

aus der Wirtschaft: Günther Wilhelm, Mitglied des Vorstandes der Siemens AG, der das Qualitätsbewußtsein, die Forcierung des Qualitätsbewußtseins als Vehikel benutzt hat, um über eine ständige Verbesserung im Sinne der lernenden Organisation sowohl den Erwartungen der Kunden gerecht zu werden, als auch die eigenen Mitarbeiter auf das Unternehmensziel zu verpflichten;
aus der Politik: Bundeskanzler Dr. Helmut Kohl – Hartwig Schröder, Vorstandsvorsitzender des ADM führt ihn ein – der wie kein anderer mit der Stärke der regionalen Bindungen und Beziehungen umgehen muß, um sein Ziel, das einige Europa, tatsächlich zu erreichen;
aus der Kultur: Dr. Manfred Buchwald – eingeführt von dem Vorsitzenden des BVM, Walter Tacke – „Medienmacher" und „Kulturpolitiker", der als Intendant des Saarländischen Rundfunks mitten in diesem Konfliktfeld Europa steht und Hörer- bzw. Seherbindung erreichen und gleichzeitig auf die Veränderungen Europas reagieren muß.

Die Macher brauchen für ihre Herausforderungen Hilfe. Die klassischen Instrumente, die wir entwickelt haben, reichen nicht mehr aus. Prof. Volker Trommsdorff wird uns durch den Instrumentenkasten führen, der heute existiert und zeigen, wie Marktforschung, Marketingforschung und Marketingberatung eigentlich den Herausforderungen gewachsen ist.

Damit wir wissen, wie sehr wir uns auf dem Stand der Zeit befinden und uns mit dem Aktuellsten und Neuesten befassen, das völlig neuartig und niemals vorher gedacht ist, zum Abschluß ein Zitat aus einer Arbeit, die für den ersten Marketingwettbewerb der Kölnischen Rundschau aus dem Jahre 1970 geschrieben ist. Ein junger Teilnehmer hat diese Vision damals geschrieben. Wir sehen, Köln ist nicht die Provinz, 1970 ist überhaupt nicht lange her, und ein junger Mensch ist ja immer auf dem Stand der Wissenschaft: „Durch das Marketingkonzept ist die Möglichkeit gegeben, daß wieder der Mensch im Mittelpunkt des Marktgeschehens steht und nicht mehr die Produktion. Dieses zu verwirklichen, das ist die Zukunftsaufgabe, die sich dem Marketing stellt. Für die Konsumenten bleibt die Aufgabe, ein Urteils- und Handlungsvermögen zu entwickeln. Dem Produzenten bleiben hauptsächlich zwei Aufgaben, und zwar die Käuferpflege und Käufererziehung. Zur Käuferpflege gehören sowohl einwandfreie technische Qualität der Güter, verbrauchsgerechte Waren, ein vielfältiges Warenangebot, hohe Kundendienstleistungen als auch eine in Umfang und Stil maßvolle Werbung. Darüber hinaus ist es notwendig, sichtbar zu machen, welche Möglichkeiten sich durch den Gebrauch dieser Güter in menschlicher, kultureller oder sozialer Hinsicht ergeben und erschließen. Vielleicht erscheinen die oben genannten Forderungen weniger absurd, vielleicht erscheint dieses gezeichnete Idealbild erstrebenwerter, wenn man daran denkt, daß jeder Marktteilnehmer nicht nur eine Rolle spielt, nicht nur Konsument oder Produzent ist, sondern in beiden Lagern steht. Denn gleichzeitig ist er Erzeuger und Verbraucher, Individualwesen und Kollektivwesen, Haushaltsangehöriger und Betriebsangehöriger."

Helmut Kohl

Europa – Herausforderung für Wirtschaft, Gesellschaft und Politik

I.

Meine sehr verehrten Damen und Herren, ich danke Ihnen herzlich für die Gelegenheit, anläßlich Ihrer heutigen gemeinsamen Tagung zu Ihnen zu sprechen.

Mit dem Leitthema Ihrer Tagung bringen Sie zum Ausdruck, daß der europäische Einigungsprozeß nicht nur Politik und Wirtschaft, sondern auch Markt- und Sozialforschung vor neue Herausforderungen stellt. Die Markt- und Sozialforschung kann auch auf diesem Felde für die Politik wichtige Beiträge leisten, indem sie zum Beispiel frühzeitig darauf aufmerksam macht, wo in der Öffentlichkeit zusätzlicher Aufklärungsbedarf besteht.

Aber demoskopische Daten – so überaus wichtig und hilfreich sie gerade auch für Regierungen und Parteien sind – können nicht die Richtlinien der Politik ersetzen. In einer Demokratie ist es Aufgabe der politisch Verantwortlichen – ganz besonders der politischen Parteien –, auf die politische Willensbildung des Volkes Einfluß zu nehmen. Die Demoskopie kann hier – ich wiederhole es – hilfreich sein, indem sie Informationsdefizite aufdeckt und der Politik Hinweise gibt, wo sie ihre Überzeugungsarbeit zu verstärken hat.

In Existenzfragen einer Nation erweist sich politische Führungskraft vor allem darin, den Stimmungen des Augenblicks nicht nachzugeben. Die Geschichte der Bundesrepublik Deutschland bietet hierfür eine Reihe bedeutsamer Beispiele:

- Wäre Konrad Adenauer den demoskopischen Daten gefolgt, so wäre unser Land niemals Mitglied des Nordatlantischen Bündnisses geworden. Es gab in den 50er Jahren eine verbreitete „Ohne mich"-Stimmung, und überdies wurde die Frage der NATO-Mitgliedschaft auf das abschreckende Schlagwort „Wiederbewaffnung" eingeengt.

- Wäre ich 1982/83 den demoskopischen Daten gefolgt, dann wäre der NATO-Doppelbeschluß nicht vollzogen worden. Wie ich von Michail Gorbatschow selber weiß, hat jedoch gerade die Geschlossenheit und Standfestigkeit des Bündnisses zu Beginn des vergangenen Jahrzehnts entscheidend zum „Neuen Denken" in der sowjetischen Führung und damit letztlich auch zur Wiedervereinigung Deutschlands beigetragen.

Die Anfälligkeit für populistische Strömungen – wem sage ich das – hat in letzter Zeit stark zugenommen. Dieser Trend hat viele Ursachen. Eine davon ist die abnehmende Bereitschaft, sich dauerhaft zu binden und in einem institutionellen Rahmen zu engagieren. Hierunter leiden nicht nur die politischen Parteien, sondern z.B. auch die Kirchen oder die Gewerkschaften.

In einer solchen Situation wäre es das verkehrteste, plebiszitäre Elemente in unsere Verfassung einzuführen. Die Väter und Mütter unseres Grundgesetzes haben ganz bewußt die zweite deutsche Republik, unsere Bundesrepublik Deutschland, als eine konsequent *parlamentarische* Demokratie konzipiert. Sie hatten in der Weimarer Republik die Erfahrung gemacht, daß Plebiszite letztlich nur den Extremen von rechts und links in die Hände spielen, d.h. die demokratische Mitte schwächen.

Im Vorfeld von Plebisziten werden erfahrungsgemäß höchst komplizierte Sachverhalte auf simple, holzschnittartige Alternativen reduziert. Dies können wir uns vor allem dort nicht leisten, wo es um Schicksalsfragen der Nation geht.

II.

Meine Damen und Herren, für uns Deutsche ist Europa eine solche – wenn nicht *die* – Schicksalsfrage. Es handelt sich hier nicht um irgendein Thema der Tagespolitik. Als Land in der Mitte unseres Kontinents haben wir mehr Grenzen und Nachbarn als alle anderen. Unsere nationale Zukunft ist daher mit der Entwicklung des übrigen Europa aufs engste verknüpft.

Es kann und darf uns daher nicht gleichgültig sein, welchen Weg Europa geht – ob es sich unwiderruflich auf den politischen und wirtschaftlichen Zusammenschluß festlegt – oder ob es erneut in nationale Rivalitäten früherer Zeiten zurückfällt. Dies ist in Wahrheit die Kernfrage der Europapolitik und die Kernfrage der derzeitigen Diskussion über den Vertrag von Maastricht! Wenn wir jetzt nicht die Europäische Union schaffen, versagen wir vor der Zukunft – und ich füge hinzu: wir setzen leichtfertig das aufs Spiel, was wir bisher erreicht haben.

Bei der Diskussion über den Maastrichter Vertrag denke ich oft an eine Äußerung Konrad Adenauers am Vorabend der Abstimmung über die Europäische Verteidigungsgemeinschaft in der französischen Nationalversammlung im Jahre 1954. Er sagte damals sinngemäß: Wenn diese Vorlage scheitert, dann werden wir mindestens eine Generation brauchen, bis wir in Europa wieder ein Stück aufeinander zugehen und zusammenkommen. Ich wage die Behauptung: Wenn der Vertrag von Maastricht nicht in Kraft tritt und wir auf dem Weg nach Europa zurückgeworfen werden, dann dauert es wesentlich länger als eine Generation, bis wir erneut eine solche Chance erhalten. Wir laufen dann Gefahr, daß Europa von seiner unseligen Vergangenheit eingeholt wird.

Es soll niemand glauben, das Gespenst des Nationalismus in Europa sei endgültig tot oder nur noch auf dem Balkan zu Hause. Ich bezweifle, daß die bösen Geister der Vergangenheit, unter denen wir in Europa in diesem Jahrhundert schrecklich gelitten haben, ein für alle Mal gebannt sind. Schon heute zeichnet sich im Osten unseres Kontinents teilweise eine Rückkehr zu nationalistischem Denken, zu Intoleranz, ja zu Chauvinismus ab. Aber auch der Westen Europas ist gegen solche Versuchungen nicht gefeit.

Ebenso gefährlich ist es, wenn hier und da mit dem Argument Stimmung gemacht wird, Deutschland sei zu groß und zu mächtig geworden und müsse daher durch Koalitionen eingedämmt werden. Unsere Antwort auf derartige Unterstellungen ist klar: Die zweite deutsche Republik, unsere Bundesrepublik Deutschland, hat sich endgültig für eine Politik entschieden, die auf den immer engeren Zusammenschluß der europäischen Völker und Nationen setzt. Zu dieser Politik gibt es keine vernünftige Alternative.

III.

Die Europäische Gemeinschaft hat uns Deutschen – wie auch unseren Partnern – Frieden und Freiheit gesichert. Ihr verdanken wir ein nie zuvor gekanntes Maß an Wohlstand. Leider betrachten viele in den alten Bundesländern die Früchte der europäischen Einigung mittlerweile als selbstverständlich. Sie nehmen die großen Vorteile gar nicht mehr wahr, die gerade wir Deutschen bis heute davon haben.

Knapp drei Viertel unserer Exporte gehen heute in die Länder der EG und der EFTA, rund zwei Drittel unserer Importe kommen von dort. Die EG und die EFTA-Länder haben damit entscheidenden Anteil an Wachstum und Beschäftigung, an Stabilität und Wohlstand bei uns.

Dies zeigt klar, wie unsinnig und töricht die Behauptung war, wir seien die „Zahlmeister Europas". Wahr ist vielmehr, daß wir Deutschen zu allen Zeiten die Hauptnutznießer der europäischen Einigung waren. Es ist nur selbstverständlich und gerecht, daß wir daher auch den größten finanziellen Anteil tragen.

Wer daher heute für „weniger Europa" plädiert, setzt viele Millionen Arbeitsplätze aufs Spiel, die durch die Verflechtung mit unseren Partnern in Europa gesichert werden.

Nur gemeinsam kann sich Europa im weltweiten Wettbewerb mit Japan und Nordamerika besser behaupten. Dies ist gerade für uns Deutsche als eine der großen Exportnationen der Welt von enormer Bedeutung.

Europa bedeutet jedoch mehr als die Summe wirtschaftlicher Erfolgsdaten. Das Europäische Einigungswerk hat nicht nur eine wirtschaftliche, sondern vor allem auch eine *politische* Zielsetzung. Es ging von Anfang an immer um die politische Einigung Europas!

Wir leben heute in der längsten Friedensperiode seit Mitte des 19. Jahrhunderts. 21 Jahre nach dem Ende des Ersten begann der Zweite Weltkrieg. 43 Jahre nach der Reichsgründung 1871 brach der Erste Weltkrieg aus. Heute leben wir schon 47 Jahre in Frieden – und mit der Gewißheit, daß dies auch weiterhin so bleibt. Diese Gewißheit verdanken wir entscheidend auch der Europäischen Gemeinschaft.

Vergessen wir ebenfalls nicht: Es war das europäische Einigungswerk, das das notwendige Vertrauen in das demokratische Deutschland geschaffen und unseren Nachbarn, Partnern und Freunden die Zustimmung zur Deutschen Einheit erleichtert hat.

Heute wissen unsere Mitbürger in den neuen Bundesländern, was ein freies Europa, was offene Grenzen und freies Reisen bedeuten. Aber die europäische Integration ist für sie eine neue Erfahrung – dies haben auch Sie bei Ihren Umfragen in den neuen Bundesländern feststellen können. Nicht mehr als bisher müssen wir daher den Menschen in den neuen Bundesländern verdeutlichen, welche großartigen Chancen das europäische Einigungswerk auch ihnen bietet.

IV.

Meine Damen und Herren, Deutschland und Europa stehen nach dem Ende des Ost-West-Konfliktes vor neuen Herausforderungen. Der Umbruch in Mittel-, Ost- und Südosteuropa bringt große Risiken und Unwägbarkeiten mit sich. Ganz Europa braucht deshalb heute mehr denn je einen sicheren und festen Anker. Diese Rolle kann nur eine *starke* Europäische Gemeinschaft übernehmen.

Und damit bin ich bei einem, wenn nicht *dem* wesentlichen Ziel des Vertrages von Maastricht. Dieser Vertrag ist nicht zuletzt unsere gemeinsame Antwort auf die neue Lage in Europa: Wir stellen uns unserer Verantwortung für die Zukunft des *ganzen* europäischen Kontinents.

Ich weiß, daß der tiefgreifende Wandel in Europa, dessen Zeugen wir alle seit einigen Jahren sind, viele Menschen in Deutschland und anderswo verunsichert. Sie fragen, ob nicht das Tempo der Veränderungen zu schnell sei, ob nicht der Vertrag von Maastricht zu früh komme oder zu ehrgeizig sei. Doch können wir uns eine langsamere Gangart überhaupt leisten? Schon einmal, bei der Wiedervereinigung unseres Vaterlandes, haben wir erlebt, daß es darauf ankommt, eine einmalige Chance beherzt zu ergreifen. So ist es heute auch im Hinblick auf die Europäische Einigung.

Wir haben die einmalige Chance, in wenigen Jahren die zwei grundlegenden Ziele unserer Verfassung zu erreichen: die deutsche Einheit und die europäische Einigung! Abwarten wäre die falsche Antwort, Stillstand wäre Rückschritt! Deshalb müssen wir gemeinsam mit unseren Partnern entschlossen nach vorn gehen.

Daher werden die Bundesregierung und ich selbst in den kommenden Wochen mit aller Kraft dafür arbeiten, daß der Vertrag von Maastricht wie vorgesehen in Kraft gesetzt wird.

Hier und da wird eingewandt, daß der Maastrichter Vertrag nicht deutlich genug umreißt, wie das Europa von morgen letztlich aussehen soll. Dies war – und konnte – jedoch nicht Ziel dieses Vertrages sein. Vielmehr sollte Maastricht ein, wenn auch wichtiger, Zwischenschritt auf dem Wege zur Europäischen Union sein.

Dabei hat der Teil des Vertrages, der der Politischen Union gilt, gleiches Gewicht wie die Bestimmungen über die Wirtschafts- und Währungsunion. Jeder in Europa muß sich darüber im klaren sein: Alles, was wir bisher wirtschaftlich erreicht haben, können wir auf Dauer nur bewahren, wenn wir es auch politisch absichern. Eine Wirtschaftsunion ist nur lebensfähig, wenn sie sich auf eine Politische Union stützen kann. Wir wollen keine gehobene Freihandelszone!

Daher baut der Maastrichter Vertrag über die Europäische Union vor allem auf folgenden fünf Kernelementen auf:

Erstens: Die stufenweise Entwicklung einer Wirtschafts- und Währungsunion. Wir können unsere eigene wirtschaftliche und monetäre Stabilität auf Dauer nur sichern und unseren Wohlstand nur bewahren, wenn wir in Europa mit dem Ziel einer gemeinsamen Wirtschafts- und Währungspolitik immer enger zusammenarbeiten. Gerade die Turbulenzen an den internationalen Devisenmärkten in den letzten Wochen haben dies deutlich gemacht.

Ich bin mir bewußt, von welch zentraler Bedeutung die Frage nach der künftigen europäischen Währung gerade für unser Volk ist. In diesem Jahrhundert haben wir zweimal durch Inflation und Krieg Hab und Gut verloren und sind um die Früchte unserer Arbeit gebracht worden. Dies hat tiefe Spuren hinterlassen.

Ich verstehe daher, daß viele Menschen fragen, ob die künftige europäische Währung so stabil sein wird wie die D-Mark. Deshalb haben wir in Maastricht durchgesetzt, daß die künftige europäische Währung eine sichere Stabilitätsgrundlage erhält.

Dazu gehören insbesondere die Unabhängigkeit der künftigen Europäischen Zentralbank, ihre uneingeschränkte Verpflichtung auf das Ziel der Geldwertstabilität sowie eine streng auf Stabilität ausgerichtete Haushaltspolitik in allen Mitgliedstaaten der Gemeinschaft.

Jedes Land – und das gilt auch für uns selbst – muß zudem dafür sorgen, daß seine wichtigsten volkswirtschaftlichen Daten – also: Inflationsrate, Zinsen und Staatsverschuldung – die vorgegebenen strengen Kriterien des Vertrages erfüllen. Eine Aufweichung der verbindlich festgelegten Stabilitätskriterien kann und wird es mit uns nicht geben! Nur wer diese Kriterien erfüllt und damit den Beweis für eine solide Wirtschafts- und Finanzpolitik erbracht hat, kann in die Endstufe der Wirtschafts- und Währungsunion eintreten.

Zweitens: Wir wollen eine gemeinsame Politik in einem so wichtigen Bereich wie dem der Inneren Sicherheit. Immer mehr Menschen machen sich zunehmend große Sorgen wegen der Ausbreitung des organisierten Verbrechens und der internationalen Drogenmafia.

In Maastricht habe ich mich deshalb erfolgreich dafür eingesetzt, daß eine europäische Polizeiorganisation geschaffen wird. Mit EUROPOL werden wir gemeinsam und entschlossen den Kampf gegen die internationale Bandenkriminalität führen.

Gleichermaßen erfordert die dramatisch zunehmende Zahl von Asylsuchenden aus dem Süden wie aus dem Osten, die aus wirtschaftlichen Gründen nach Westeuropa – vor allem aber zu uns – kommen, dringend eine gemeinsame europäische Antwort. Der Vertrag von Maastricht öffnet auch hier den Weg für ein gemeinsames Vorgehen – wobei selbstverständlich ist, daß jeder zunächst seine „Hausaufgaben" machen muß – dies gilt vor allem für uns selbst!

Drittens: Wir haben in Maastricht ferner die dringend notwendige Verbesserung der Zusammenarbeit im Umweltschutz beschlossen. Auch bei unseren Partnern ist in den vergangenen Jahren das Bewußtsein für die herausragende Bedeutung dieser Zukunftsaufgabe gewachsen.

Ich erinnere mich noch lebhaft an die – zumeist ungläubige – Reaktion meiner Kollegen wie auch der Medien, als ich 1983 in Stuttgart zum ersten Male ein umweltpolitisches Thema auf die Tagesordnung des Europäischen Rates gesetzt habe – es war das Waldsterben. Und es war die von mir geführte Bundesregierung, die auch in der Folge die Umweltpolitik auf europäischer Ebene zu einem ständigen Thema gemacht und wesentliche Fortschritte erreicht hat. Denken Sie nur an die Einführung des Katalysators in der EG zurück! Wie hart sind wir damals auch aus den Kreisen der deutschen Industrie kritisiert worden – heute ist die entsprechende Ausrüstung aller Neufahrzeuge längst selbstverständlich.

Viertens: In Maastricht haben wir trotz der Zurückhaltung vieler auch Fortschritte bei der Verstärkung der demokratischen Kontrolle von Kommission und Rat durch das Europäische Parlament erreicht. Aber ich füge hinzu: Ich hätte mir mehr gewünscht. Dies war noch nicht erreichbar. Dennoch ist Maastricht ein erster Schritt in die richtige Richtung.

Wir werden aber noch viel Überzeugungsarbeit leisten müssen, um das Demokratiedefizit in Europa abzubauen und zu beseitigen. Daher gilt es, möglichst zügig die Rechte und Kompetenzen des Europäischen Parlaments wesentlich weiter auszubauen – dessen Arbeit durch die Medien in Deutschland leider viel zu wenig gewürdigt wird.

Zugleich müssen wir auch die nationalen Parlamente stärker in die Europapolitik einbeziehen. Darüber hinaus sollten auch das Europäische Parlament und die nationalen Parlamente enger als bisher zusammenarbeiten.

Fünftens: Gerade aus deutscher Sicht ist die Entwicklung einer gemeinsamen Außen- und Sicherheitspolitik eine existentielle Frage. Der Krieg im früheren Jugoslawien, aber auch die Krisenherde in anderen Teilen Ost- und Südosteuropas machen mehr als deutlich, daß uns nur eine gemeinsame Politik vor Instabilität bewahren kann.

Dabei ist im Hinblick auf Sicherheit und Verteidigung für uns die Atlantische Allianz, der enge Schulterschluß mit unseren Freunden und Partnern in Nordamerika, unverzichtbar. Die Partnerschaft zwischen Europa und Nordamerika geht aber weit über Fragen der gemeinsamen Sicherheit hinaus. Wir müssen die Brücke über den Atlantik für die Zukunft auf *allen* Gebieten weiter ausbauen.

Die europäisch-amerikanische Freundschaft wird auf Dauer nur gedeihen, wenn wir die Zusammenarbeit auf allen Gebieten – Politik und Wirtschaft, Wissenschaft und Kultur – vertiefen.

Meine Damen und Herren, der Vertrag von Maastricht ist nicht nur von grundlegender Bedeutung für die Gemeinschaft selbst. Er stellt zugleich ein Signal der Hoffnung über die Grenzen der jetzigen Europäischen Gemeinschaft dar.

Auf der Grundlage des Maastrichter Vertrages werden wir die Beitrittsverhandlungen mit Österreich, Schweden, Finnland, der Schweiz – vielleicht auch mit Norwegen – Anfang 1993 aufnehmen und zügig zum Abschluß führen. Aber auch Polen und Ungarn, Tschechen und Slowaken und viele andere Menschen und Völker in Mittel-, Ost- und Südosteuropa setzen ihre Hoffnung auf die Gemeinschaft. Diese Hoffnung dürfen wir nicht enttäuschen.

Darüber hinaus ist auch die Entwicklung eines engen und vertrauensvollen Verhältnisses zwischen der Europäischen Gemeinschaft und den Staaten der ehemaligen Sowjetunion eine wichtige Zukunftsaufgabe.

V.

Meine Damen und Herren, die Diskussion während der vergangenen Monate in allen Mitgliedstaaten der EG – auch bei uns – hat gezeigt, wie viele Mißverständnisse, Unsicherheiten, ja Vorbehalte und Ängste im Hinblick auf den Vertrag von Maastricht noch bestehen. Unsere Arbeiten in der Gemeinschaft in diesen Wochen und Monaten gelten vor allem dem Abbau dieser Besorgnisse.

Es ist wahr, viele Menschen befürchten ein zentralistisches Europa. Sie fragen: Werden wir in einem vereinten Europa noch Deutsche, Italiener oder Franzosen sein? Meine Antwort und die Antwort des Vertrages von Maastricht sind klar: Wir bleiben fest in unserer Heimatregion verwurzelt, wir bleiben Deutsche, Italiener und Franzosen – und wir sind zugleich Europäer.

Wir müssen in der Tat den Menschen mehr noch als bisher deutlich machen, daß Europa für *sie* da ist. Maastricht steht für ein demokratisches und bürgernahes Europa, das die nationale Identität und Kultur aller Mitgliedstaaten und ihrer Regionen achtet. Wir haben mit Maastricht eben nicht den Grundstein zu einem europäischen Über-Staat gelegt, der alles einebnet und verwischt, sondern uns auf ein Europa verpflichtet, das auf dem Grundsatz „Einheit in Vielfalt" aufbaut.

Der Vertrag von Maastricht stärkt zugleich die Rolle der Regionen, bei uns der Bundesländer. Innerstaatlich tragen wir dem durch die angestrebte Grundgesetzänderung Rechnung. Durch den zukünftigen Artikel 23 werden die Interessen der Länder gesichert und zugleich wichtige Grundlagen unserer gesamtstaatlichen Ordnung als Ziel für die Europäische Union festgeschrieben. Ich wehre mich allerdings entschieden gegen Versuche, die Bundesrepublik Deutschland in eine Art Staatenbund umzuwandeln. Deutschland ist und bleibt ein Bundesstaat!

Als überzeugter Föderalist will ich eines hinzufügen: Wir – und das gilt vor allem für die Bundesländer – müssen auch die Städte und Gemeinden weitaus mehr als bisher in das europäische Einigungswerk einbeziehen. Gelebter Föderalismus drückt sich eben nicht nur im Verhältnis von Bund und Ländern, sondern auch im Verhältnis der Länder zu ihren Kommunen aus.

Bedeutung und Verantwortung der Länder und Gemeinden im Prozeß der europäischen Einigung wird vor allem in der Zusammenarbeit im grenznahen Raum sichtbar. Hier wird schon ein Stück europäischer Zukunft erfolgreich praktiziert. Ich fand es bemerkenswert, daß sich gerade die Menschen in den Regionen Dänemarks und Frankreichs, die an Deutschland angrenzen, bei den Volksbefragungen zum Vertrag von Maastricht klar für Europa entschieden haben. Gerade sie – die stets als erste von den Kriegen der Vergangenheit betroffen und deren Heimat oft Zankapfel zwischen unseren Ländern war – haben ein besonderes Gespür für gute Nachbarschaft und offene Grenzen in Europa.

Noch eindrucksvoller war für mich, daß die älteren Menschen, die das Leid und die Schrecken des Zweiten Weltkrieges und noch zum Teil des Ersten Weltkrieges erleben mußten, beim Referendum in Frankreich mit deutlicher Mehrheit für die Europäische Union gestimmt haben. Ihre Stimme hat für uns besonderes Gewicht.

Unser Ziel ist es, zu unseren Nachbarn in den Grenzregionen zu Polen wie auch zur tschechischen Republik ähnlich enge Beziehungen aufzubauen wie z. B. im Dreiländereck zwischen Deutschland, Frankreich und der Schweiz.

Meine Damen und Herren, unsere freiheitlichen Demokratien leben vom Engagement und der Eigenverantwortung der Bürger. Ihre Teilhabe am politischen Geschehen setzt voraus, daß Entscheidungen grundsätzlich auf der Ebene getroffen werden, die ihnen am nächsten steht. Wir müssen alles tun, um in Zukunft die europäische Politik so zu gestalten, daß sich die Menschen mit ihr stärker identifizieren. Sie müssen spüren, daß es um ihre Interessen geht – und nicht um ein bürgerfernes, technokratisches Europa!

Ich habe daher im Juni in Lissabon entschieden darauf gedrängt, daß das – von uns in Maastricht durchgesetzte – Subsidiaritätsprinzip mit Leben erfüllt wird. Ich weiß, dieser Begriff ist schwer verständlich. Deswegen müssen wir ihn erläutern. Er bedeutet, daß die höhere Ebene nur dann tätig werden darf, wenn es unabweisbar notwendig ist. Sie darf sich nicht anmaßen, alles bis ins letzte Detail regeln zu wollen. Dies muß auch für Brüssel gelten.

Das heißt aber auch, daß nationale Verwaltungen ihre Verantwortung, dort wo sie gefordert ist, wahrnehmen und unbequeme Dinge nicht einfach auf die Gemeinschaft schieben.

Wir alle sollten uns selbstkritisch fragen, welchen Eindruck die oft zu beobachtende „Regelungswut“ bei den Bürgern hinterläßt und ob wir nicht Gefahr laufen, das Europäische Einigungswerk dadurch in Mißkredit zu bringen. Dieser Vorwurf gilt nicht nur für Brüssel, sondern gleichermaßen für die Mitgliedstaaten. Wir dürfen gegenüber Brüssel nicht unfair sein. So manche europäische Regelung, die in der Öffentlichkeit Kopfschütteln hervorruft, geht in Wahrheit oft auf nationale Vorstöße zum Schutz eigener, auch wirtschaftlicher Interessen zurück. Aus solchen Fehlern müssen wir lernen und die notwendigen Konsequenzen ziehen.

Insgesamt geht es darum, ein vernünftiges Gleichgewicht herzustellen – in dem Gemeinde und Region, Nationalstaat und Europäische Gemeinschaft ihre jeweilige Verantwortung wahrnehmen und so den Interessen der Bürger am besten dienen.

Bereits im kommenden Dezember in Edinburgh bei der nächsten Tagung des Europäischen Rats werden wir für die Anwendung des Subsidiaritätsprinzips klare Richtlinien festlegen. Dies gilt auch für die Überprüfung bestehender Regelungen.

VI.

Meine Damen und Herren, wir haben Europa bis heute insgesamt auf Erfolgskurs gehalten. Das schlimme Wort „Eurosklerose“ ist heute längst vergessen. Schon deshalb besteht kein Anlaß, uns von dem Kleinmut anstecken zu lassen, der neuerdings wieder umgeht.

Europa ist eine Chance für uns alle! Die älteren Menschen, die das Leid und die Schrecken des Zweiten Weltkrieges – und noch zum Teil des Ersten Weltkrieges – erleben mußten, haben dies erkannt. Dies hat sich zum Beispiel deutlich beim Referendum in Frankreich gezeigt, wo gerade diese Generation mit deutlicher Mehrheit für die Europäische Union gestimmt hat.

Dies gilt aber vor allem auch für die jungen Menschen. Ihnen eröffnen sich neue Horizonte. Sie haben damit Aussichten wie kaum je eine Generation vor ihnen. Die junge Generation in Europa lebt bereits heute vor, was wir für morgen erreichen wollen: einen Kontinent der offenen Grenzen, der guten Nachbarschaft und der Freundschaft. Sie sind der Politik weit voraus!

Die jungen Menschen erfahren so auch die Gemeinsamkeit der kulturellen Traditionen des Abendlandes. Diese Gemeinsamkeit ist die eigentliche Quelle, aus der Europa seine innere Kraft zieht. Wir müssen diese Wahrheit wieder stärker ins allgemeine Bewußtsein rücken. Ich sage bewußt „wieder“, denn *vor* dem Zeitalter nationalstaatlicher Rivalitäten war dieses Bewußtsein in Europa jahrhundertelang selbstverständlich.

Indem Europa zu seinen Ursprüngen zurückfindet, findet es auch seinen Weg in eine gute Zukunft. Es ist eine Zukunft in Frieden und in Freiheit für unser deutsches Vaterland. Wir Deutschen müssen und werden dazu unseren Beitrag leisten!

Jürgen Friedrichs

Stadt und Bindung

Eine kommunalpolitische Aufgabe

Das Thema „Stadt und Bindung“ hat in der soziologischen Forschung eine Tradition aufeinander aufbauender und weitgehend übereinstimmender Forschungsergebnisse.

Bevor ich hierauf eingehe, lassen Sie mich mit einigen unsystematischen Beobachtungen zu dem Thema beginnen:

- Rund 350000 Personen pendeln von Ost- nach West-Deutschland, ohne den alten Wohnort aufzugeben.
- Arbeiter und Angestellte aus Wolfsburg pendeln in das VW-Werk nach Emden und sind nur am Wochenende in ihrer Heimatstadt.
- Die Wanderungsquote lag bis etwa 1973 noch bei 6,0%, sank dann bis 1975 auf 4,8% und verharrte auf diesem Niveau bis 1982 (Zimmermann, 1983).
- Die Erhebungen des Sozio-Ökonomischen Panel zeigen, daß pro Jahr nur rund 4,5% der Haushalte umziehen. Dieses Ergebnis wird gestützt durch Angaben in der ersten Welle des Panels (1964): Nur 6,3% der befragten 5902 Haushalte gaben an, als Haushalt umziehen zu wollen. Da in beiden Zahlen die innerstädtischen Umzüge enthalten sind und die innerstädtischen Umzüge wesentlich zahlreicher sind als die Fortzüge, dürfte somit der Anteil jener, die in eine andere Stadt ziehen, beträchtlich darunter liegen. (Eigene Berechnungen mit den Daten des SOEP 1984.)

Das Ausmaß der Bindung der Bewohner an ihre Stadt erscheint demnach sehr hoch, sonst würden die Bewohner weder die hohen Kosten des Pendelns in eine andere Stadt auf sich nehmen, noch wären die Fortzugsraten so niedrig. Um diesen Sachverhalt zu erklären, skizziere ich zunächst einen theoretischen Ansatz, behandle sodann die Effekte der Wohndauer, um anschließend zu untersuchen, von welchen Merkmalen die Wohndauer ihrerseits abhängig ist, wozu ich neben eigenen Sekundäranalysen auch Daten aus einem Arbeitslosenprojekt heranziehe. Aufgrund der Ergebnisse erörtere ich abschließend einige kommunalpolitische Folgerungen.

Bindung durch städtische Ressourcen – ein theoretischer Ansatz

Jede Stadt läßt sich als eine Menge von Ressourcen begreifen, die sie ihren Bürgern zur Verfügung stellt. Hierzu gehören zum einen die materiellen Voraussetzungen wie Arbeitsplätze, Wohnungen und soziale Infrastruktur, zum anderen aber auch die Bewohner selbst und die Vielfalt ihrer Mischung. Der Begriff Bindung bezieht sich auf beide Arten von Ressourcen: die materiellen und die sozialen. Die Erklärung der Bindung ist darin zu sehen, daß mit der Dauer des Wohnens in einer Stadt folgende Prozesse verbunden sind:

1. Es steigt die Zahl der Bekannten, somit bildet sich ein Netzwerk aus, das seinerseits als eine Ressource für zahlreiche Zwecke dient. Wie die Studie von Fischer (1982) und Reanalyse seiner Daten durch Feld (1984) gezeigt haben, bilden sich derartige Netzwerke aufgrund von „Foci", z.B. Nachbarschaft, freiwillige Vereinigungen. Die Leistungen dieser Netzwerke reichen von persönlichem Rat und Hilfe, Gesprächen über den Beruf, dem Geldleihen bis hin zu der Vermittlung weiterer Beziehungen oder eines Arbeitsplatzes. Das Netzwerk stellt seinerseits also eine Ressource dar, ein soziales Kapital im Sinne Bourdieus.

2. Die personellen Ressourcen führen zu einer „symbolischen Ortsbezogenheit". Sie beruht auf den sozialen Beziehungen und Erlebnissen von Personen, die sie an einem Ort gehabt haben. In einer ökonomischen Terminologie formuliert: Es sind unsere vergangenen Investitionen, die sich mit

den Namen und den Gebäuden eines Ortes verbinden. Weil es Investitionen sind, die uns sowohl Kosten verursacht, als auch Nutzen geschaffen haben, sind sie emotional besetzt.

3. Mit der Wohndauer steigt aber auch die Kenntnis der materiellen Ressourcen einer Stadt: Der Bewohner weiß zunehmend mehr über die Zahl, die Art, die Anschrift und die Erreichbarkeit von Einrichtungen wie Kindergärten, Museen, Galerien, Sportplätzen, aber auch von Einzelhandelsgeschäften aller Art. Es erweitert sich sein subjektiver Stadtplan, der ja nur ein Ausschnitt des objektiven Planes der Stadt ist, und damit erweitern sich auch seine Handlungsmöglichkeiten.

4. Aufgrund der besseren Kenntnis der in einer Stadt vorhandenen Ressourcen erhöhen sich die individuellen Routinen. Es werden damit die Informations- bzw. Suchkosten gesenkt. Die solcherart definierte Bindung, nämlich eine Kostenersparnis, entlastet die Individuen und führt zu einer Ersparnis der knappen Ressourcen Zeit und Geld.

Mein Argument ist also: Je länger eine Person in einer Stadt wohnt, desto besser sind ihre Kenntnisse der materiellen Ressourcen der Stadt, desto stärker sind ihre sozialen Ressourcen (Netzwerke) entwickelt, desto größer sind aber auch die Handlungsroutinen und die Entlastung des Zeitbudgets von Informations- bzw. Suchkosten. Daher ist es subjektiv rational, länger in einer Stadt zu wohnen. In einer neuen Stadt entstehen nicht nur hohe Informations- und Suchkosten für die materiellen Ressourcen, sondern ebenso hohe Kosten dafür, neue Netzwerke aufzubauen. Der theoretische Zusammenhang zwischen diesen Merkmalen läßt sich in folgendem Diagramm (S. 24) darstellen.

Die zentrale Variable bei diesen Überlegungen ist die Wohndauer. Sie läßt sich 1. als unabhängige Variable verwenden, wenn man unterstellt, daß mit der Wohndauer die Nutzung der Ressourcen steigt. Sie läßt sich aber auch 2. als abhängige Variable einführen, wenn man nämlich unterstellt, daß sich durch eine steigende Nutzung der Ressourcen auch die Wohndauer erhöht. Diesen beiden Analyserichtungen wende ich mich nun zu.

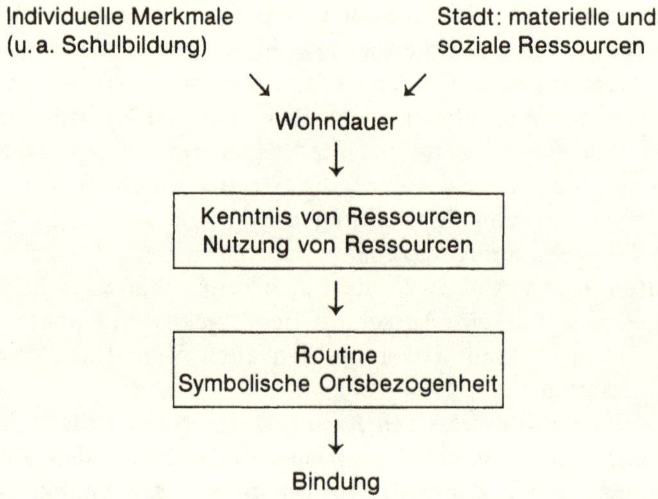

Effekte der Wohndauer

Im Jahr 1965 erschien ein Aufsatz von Treinen, in dem der Verfasser untersucht, wie die Bindung an eine Stadt zustandekommt. Hierzu geht er auf Durkheim und Mauss zurück, indem er die „symbolische Ortsbezogenheit" als ein kollektives Phänomen bezeichnet, ähnlich dem „kollektiven Gedächtnis" von Marcel Mauss. Die Ortsbezogenheit besteht darin, sich als „Hausener" – so seine Bezeichnung des Wohnortes – zu fühlen und in dem Ort gerne zu leben. Soweit seine beiden Indikatoren der Bindung. Die Erklärung sieht er allgemein darin, daß sich mit dem Ort kollektive Erlebnisse verbinden, so daß die Häufigkeit und Intensität von Handlungen an einem Ort zu dessen emotionaler Besetzung führen, der Ort eine „Symbolisierung menschlicher Gefühle" ist (Freinen, 1965, S. 79, 81 f.).

Die Erlebnisse und Handlungen interpretiert Treinen als vermittelt durch soziale Netzwerke, also Verwandte, Bekannte und Freunde am Ort. In seiner empirischen Studie findet er, daß eine hohe Bindung an die Stadt – wie später Esser (1987) auch für Duisburg – besteht und daß mit steigender Zahl der Bekannten/Freunde der Anteil derer, die (sehr) gerne am Ort leben, zunimmt. Ist der Verkehrskreis überwiegend am Ort, so steigt die symbolische Ortsbezogenheit, hingegen ist sie bei jenen, bei denen der Verkehrskreis *auch* außerhalb des Ortes ist, geringer (S. 259). Zudem steigt die Identifikation, wenn ein Bewohner Mitglied eines oder mehrere lokaler Vereine ist (S. 257, 259).

Der Umfang des Verkehrskreises nimmt mit der Lebenszeit, die man am Ort verbracht hat, zu, wobei es keine signifikanten Unterschiede zwischen denen gibt, die eine längere Zeit in ihrer Kindheit/Jugend in der Stadt verbracht haben, und jenen, die eine spätere Lebensphase in der Stadt verbracht haben – sofern es nur eine gemessen am Lebensalter lange Zeit war.

Das Kausalmodell, das Treinens Studie zugrunde liegt, läßt sich als Diagramm folgendermaßen darstellen:

Wohndauer → soziale Netzwerke → symbolische Ortsbezogenheit
→ „Bezeichne mich als ..."
→ „Lebe gerne hier"

Das gleiche Modell findet sich – unabhängig von Treinen – in einigen nordamerikanischen Studien. Im Unterschied zu Treinen, der nur *eine* Gemeinde untersuchte, wird in diesen Studien auch die Gemeindegröße variiert. Die theoretische Begründung hierfür liefern die aus den Arbeiten von Tönnies und Wirth explizierten Hypothesen, mit steigender Gemeindegröße und steigender Dichte seien die Kontakte der Städter sekundärer Art und flüchtig. Das solcherart erweiterte theoretische Modell von Kasarda und Janowitz (1974) hat folgende Form (s. Seite 26).

Die empirische Untersuchung beruhte auf einer Befragung von 2199 Personen in 100 britischen Gemeinden. Die Ergebnisse stützen die postulierten Beziehungen in signifikanter Form. Hingegen werden die von Wirth übernommenen Hypothesen, nämlich die Effekte der Gemeindegröße und die der Dichte auf das Ausmaß der Bindung, falsifiziert.

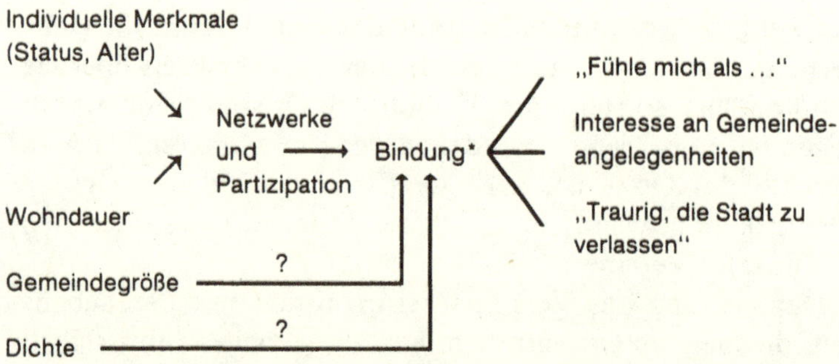

* Im Original: „community attachment and participation".

Die Wohndauer hat einen hohen Effekt auf das Zugehörigkeitsgefühl und auf den Wunsch, in der Stadt zu bleiben, jedoch einen relativ geringen auf das Interesse an den kommunalen Angelegenheiten. Das Interesse an kommunalen Angelegenheiten steigt vielmehr mit der Höhe des sozialen Status und der Gemeindegröße.

Es sind demnach die Netzwerke eines Stadtbewohners, die zu seiner Bindung an die Stadt führen. Das Ausmaß der Netzwerke hängt nicht von der Gemeindegröße ab. Für die Bundesrepublik konnte Böltken [1987] in einer Sekundäranalyse der Daten des ALLBUS 1986 zeigen, daß die Netzwerke (Freunde und Bekannte) mit der Gemeindegröße abnehmen, hingegen zwischen kleinen und großen Gemeinden keine Unterschiede in der Intensität der Kontakte bestehen. Allerdings kontrollierte er nicht die Schulbildung oder die Wohndauer. Der soziale Status hat einen wichtigen Effekt: Personen mit höherem sozialen Status haben ein größeres Interesse an kommunalen Angelegenheiten und auch einen größeren Verkehrskreis, wobei ein Teil dieses Verkehrskreises außerhalb des Ortes wohnt. Statushohe Personen weisen demnach nur für zwei der drei Indikatoren eine hohe Bindung auf. Für den dritten Indikator, die Fortzugsbereitschaft, ergibt sich, daß nur ein geringer Teil von ihnen es bedauert, aus der Stadt fortziehen zu müssen. Dieser Sachverhalt einer hohen Bindung, aber gleichzeitigen Bereitschaft, die Stadt zu verlassen, wenn sie die Bedingungen und Wünsche eines Bewohners nicht (mehr) erfüllt, bezeichnete Janowitz (1951) als „limited liability" – begrenzte Verpflichtung. Die Befunde von Kasarda und Janowitz wurden in einer Folgestudie von Simpson (1988) mit einem noch umfangreicheren britischen Datensatz durchgängig bestätigt.

Der in beiden Studien belegte Zusammenhang von Netzwerken und Bindung wird im übrigen durch die zahlreichen empirischen Analysen der Netzwerke von Stadtbewohnern bestätigt. So belegt Fischer (1982) in seiner umfangreichen Studie, daß mit steigender Wohndauer die Netzwerke zunehmen. Ein in diesem Zusammenhang wichtiger Befund ist, daß Personen mit niedriger Schulbildung in kleinen Gemeinden mehr Kontakte haben als in großen Gemeinden (S. 163). Der Status, oder als ein Indikator dessen die Schulbildung, hat also einen Effekt auf den Umfang der lokalen Netzwerke.

Die Ergebnisse dieser und anderer Netzwerkanalysen geben eine scheinbar befriedigende Antwort auf die Frage nach der Beziehung zwischen Stadt und Bindung. Es sind die Netzwerke, die Personen veranlassen, sich in der Stadt heimisch zu fühlen und – je nach sozialem Status – sich in ihr in Vereinen zu engagieren. Die Wohndauer erweist sich als eine sehr erklärungskräftige Variable für das Ausmaß der Netzwerke. Diese Studien lassen jedoch offen, welche anderen Gründe es für eine Bindung an die Stadt gibt. Ferner: Können die Netzwerke nicht ihrerseits einen Effekt auf die Wohndauer haben? Wenn also gilt: Die Wohndauer bewirkt die Netzwerke und die Netzwerke bewirken die Bindung, so ist nach dem reinen Effekt der Netzwerke zu fragen. Sampson (1988: S. 777) kann nun zeigen, daß sich der direkte Effekt der Wohndauer auf die Bindung verringert, wenn man das Ausmaß der lokalen Freundschaften kontrolliert. Gehen wir einen Schritt weiter, so muß in einer dynamischen Analyse die Hypothese lauten: Wohndauer beeinflußt Netzwerke, Netzwerke beeinflussen Bindung, Bindung beeinflußt Wohndauer. Die Wohndauer muß also auch als abhängige Variable eingeführt werden. Hierauf richtet sich der folgende Teil meiner Analyse.

Bedingungen der Wohndauer

Es gibt sehr wenige Analysen, in denen die Wohndauer als abhängige Variable verwendet wird. Daher berichte ich im folgenden einige Ergebnisse einer Sekundäranalyse, die ich mit den Daten des ALLBUS 1980 vorgenommen habe. (Nur in diesem Jahr wurden die einschlägigen Fragen gestellt.) Ich verwende nicht die absolute Wohndauer in Jahren, sondern die relative Wohndauer, d.h. wieviel Prozent ihres Lebens eine Person in ihrer jetzigen Stadt verbracht hat.

Analysiert man zunächst die Wohndauer nach dem Alter, so ergeben sich signifikante Unterschiede (Tab. 1): Von den Befragten in der Altersgruppe 14–29 Jahre hat ein großer Teil nur ein Viertel, aber 50% drei Viertel ihres Lebens in der jetzigen Stadt verbracht. Erstaunlich hoch ist der Anteil in allen dann folgenden Altersgruppen, die drei Viertel oder länger in der Stadt leben. Über die Hälfte aller Befragten ab 45 Jahren hat mindestens die Hälfte ihres Lebens in der gleichen Stadt verbracht. In der Altersgruppe 45–59 sind es im Mittel 33 Jahre, in der Gruppe der über 60jährigen sind es 44 Jahre.

Tabelle 1: Relative Wohndauer in der Stadt, nach Alter, in Prozent

Relative	Alter in Jahren			
Wohndauer*	–29	30–44	45–59	60+
bis 25%	35,5	30,0	15,9	14,2
26–50%	7,8	23,3	23,1	26,6
51–75%	6,8	6,7	18,3	19,2
76–100%	49,9	40,0	42,7	39,9
Summe %	100,0	100,0	100,0	99,9
N	591	840	710	781

* Zahl der Jahre in der Stadt/Lebensalter

Quelle: Eigene Berechnungen mit Daten des ALLBUS 1980

Nach der Ressourcen-Theorie der Stadt ist zu vermuten, daß mit steigender Gemeindegröße auch die Zahl der Ressourcen zunimmt, Personen demnach eine größere Vielfalt an Arbeitsplätzen, Wohnungen, öffentlichen und privaten

Einrichtungen sowie Lebensstilen und möglichen Bekannten vorfinden. Mit steigender Ressourcenvielfalt würde daher die Wohndauer höher sein müssen. Wie die Daten in Tab. 2 zeigen, ist dies jedoch nicht der Fall; es gibt keine signifikanten Unterschiede in der Wohndauer zwischen den Gemeinden unterschiedlicher Größenklasse. Selbst die Gemeinden unter 5000 unterschieden sich nicht von denen über 500 000 Einwohnern; die Mittelwerte der absoluten Wohndauer betragen 28 gegenüber 29 Jahren.

Tabelle 2: Relative Wohndauer in der Stadt, nach Gemeindegröße (Boustedt), in Prozent

	Gemeindegröße				
Relative Wohndauer*	– 5 000	5 000–20 000	20 000–100 000	100 000–500 000	500 000 +
bis 25%	25,3	24,5	23,0	25,7	21,9
26–50%	20,3	20,7	19,7	21,4	21,5
51–75%	10,7	13,6	14,4	12,3	13,1
76–100%	43,8	41,2	43,0	40,5	43,5
Summe %	100,1	100,0	100,1	99,9	100,0
N	384	396	305	513	1324

* Zahl der Jahre in der Stadt/Lebensalter

Quelle: Eigene Berechnungen mit Daten des ALLBUS 1980

Eine Erklärung für die fehlenden Unterschiede könnte in der differentiellen Nutzung der Ressourcen durch Personen unterschiedlichen Status liegen. Als einen Indikator des Status, genauer: der individuellen Ressourcen, habe ich die Schulbildung gewählt. In Tab. 3 ist die relative Wohndauer nach der Schulbildung aufgeführt. Hier ergeben sich deutliche und signifikante Unterschiede: Je höher die Schulbildung, desto geringer ist der Anteil des Lebens, den man in der jetzigen Stadt verbracht hat. Die Trennungslinie verläuft dabei zwischen den Befragten mit Hauptschulabschluß oder Mittlerer Reife und jenen mit Abitur. Das zeigt sich nochmals an den absoluten Werten: Die mittlere Wohndauer der Hauptschüler ist 32 Jahre, die derer mit Mittlerer Reife 25

Jahre und die derer mit Abitur 19 Jahre. Dieses Gefälle gilt für alle Altersgruppen.

Tabelle 3: Relative Wohndauer in der Stadt, nach Schulbildung, in Prozent

	Schulbildung		
Relative Wohndauer*	Hauptschule	Mittl. Reife	Abitur
bis 25%	18,5	27,3	40,7
26–50%	21,7	19,9	19,8
51–75%	14,6	10,5	8,9
76–100%	45,3	42,2	30,6
Summe %	100,1	99,0	100,0
N	1874	637	405

* Zahl der Jahre in der Stadt/Lebensalter

Quelle: Eigene Berechnungen mit Daten des ALLBUS 1980

Dieses Ergebnis schränkt nun nicht nur die skizzierte Ressourcen-Theorie ein. Es widerspricht auch den Befunden von Treinen. Er argumentiert nämlich, mit einer höheren Schulbildung nähmen auch die Netzwerke zu, mit einer steigenden Zahl von Freunden und Bekannten wiederum nähme die symbolische Ortsbezogenheit zu. Demnach müßte hier auch die relative Wohndauer bei den Befragten mit Abitur höher sein als die jener mit niedrigeren Bildungsabschlüssen.

Obgleich der Effekt des Alters auf die Wohndauer größer ist als der der Schulbildung (eta = .55 resp. eta = .23), besteht auch ein signifikanter Interaktionseffekt. Das Ergebnis, mit steigendem Alter wohne eine Person auch länger in der Stadt, ist deshalb nicht trivial. Wir können zwar, übereinstimmend mit den Hypothesen des Modells, annehmen, mit steigendem Alter steige auch die Immobilität, weil Routine und Netzwerke zunehmen, hingegen die Chance, einen neuen Arbeitsplatz in einer anderen Stadt anzunehmen, abnähme. Die Schulbildung erzwingt bei Jüngeren mit hoher Schulbildung einen Ortswechsel, und der Ortswechsel ist bei Älteren mit hoher Qualifikation noch möglich. Der Ortswechsel ist dann eine angemessene Nutzung des individuellen Humankapitals. Daher ist auch mit steigender Gemeindegröße der Anteil derjenigen mit Abitur höher.

Um diese Hypothese zumindest ansatzweise mit den vorliegenden Daten zu prüfen, untersuche ich abschließend die Effekte von Schulbildung und Gemeindegröße auf die Wohndauer. Diesen Effekt konnte Treinen nicht prüfen, da er nur *eine* Gemeinde untersucht hat. Die aus der Ressourcen-Theorie abgeleitete Hypothese lautet dann: Der negative Effekt der Schulbildung auf die Wohndauer gleicht sich aufgrund der höheren Ressourcen in der Großstadt aus, wenn man das Alter kontrolliert.

Tabelle 4: Mittelwerte der Wohndauer in der Stadt, nach Gemeindegröße (Boustedt) und Schulbildung, unter Kontrolle des Lebensalters, in Jahren

	Gemeindegröße				
Schulbildung	– 5000	5 000– 20 000	20 000– 100 000	100 000– 500 000	500 000 +
Hauptschule	30,1	29,3	31,4	34,3	32,3
Mittl. Reife	23,8	22,6	24,7	23,6	27,1
Abitur	14,3	19,0	24,2	16,2	19,3

Quelle: Eigene Berechnungen mit Daten des ALLBUS 1980

Die entsprechenden Ergebnisse in Tab. 4 stützen diese Hypothese.

- In den Großstädten sind die Unterschiede in der Wohndauer zwischen den Bildungsgruppen wesentlich geringer als in den anderen Gemeinden.
- Die Wohndauer variiert bei hoher Schulbildung stärker über die Gemeindegrößen als bei niedriger Schulbildung.

Mit steigender Größe der Gemeinde steigen demnach die Ressourcen, was tendenziell zu einer höheren Wohndauer auch derjenigen mit hoher Schulbildung führt. Das Modell erklärt 33% der Varianz der Wohndauer, wobei der größte Anteil hiervon auf die Schulbildung entfällt. Diese Ergebnisse weisen auch schon auf die Bedeutung der materiellen

Ressourcen, also Arbeitsplätze und Wohnungen, hin. Hierauf komme ich nun.

Bindung und Fortzugsbereitschaft

Der wichtigste Grund für eine Wanderung innerhalb einer Stadtregion ist, eine neue Wohnung zu finden; der wichtigste Grund für eine Fernwanderung bzw. ein Fortzug aus der Stadt der neue Arbeitsplatz. Da uns hier nicht die innerstädtischen Umzüge interessieren, sondern die Fernwanderungen, stellt sich folgende Frage: Wenn Fernwanderungen doch vor allem durch einen neuen Arbeitsplatz induziert sind, gilt dann auch der Umkehrschluß: der Arbeitsplatz sei der wichtigste Faktor der Bindung an eine Stadt? Um diese Frage zu beantworten, ziehe ich eine Extremgruppe heran: die Arbeitslosen. In einer Panelstudie über Arbeitslose in Duisburg, Frankfurt/Main, Hamburg, Leipzig, Rostock und Stuttgart, die wir in zwei Wellen durchgeführt haben, wurde die Wanderung und die Wanderungsbereitschaft der Arbeitslosen ermittelt. Die Arbeitslosen wurden im Zeitraum August bis Oktober 1990 und erneut im Juni/Juli 1991 befragt. Die Zahl der in diesem Zeitraum in eine andere Stadt gewanderten Arbeitslosen war erstaunlich niedrig: 30 von 811 in den vier westdeutschen Städten, 10 von 640 in den beiden ostdeutschen Städten. Doch waren früher immerhin 36% der Befragten schon einmal wegen eines Arbeitsplatzes gewandert. (Zu Einzelheiten für die ostdeutschen Städte siehe Engelbrecht und Stolle, 1992, Friedrichs und Stolle, i. Vorb.).

Hingegen ist die *Wanderungsbereitschaft* größer, wie die Daten in Tab. 5a zeigen. Von den Befragten in den west- wie den ostdeutschen Städten sind 30% bereit, für einen Arbeitsplatz eine Fernwanderung auf sich zu nehmen. Aufschlußreich für die Frage nach der Bindung sind hier die Gründe sowohl derer, die wandern wollen, als auch derer, die bleiben wollen (vgl. Tab. 5b, c). Vernachlässigt man einmal die (obgleich beträchtlichen) Unterschiede zwischen den Arbeitslosen in den west- und ostdeutschen Städten, so gelangt man zu folgenden Schlüssen:

Tabelle 5: Wanderungsbereitschaft Arbeitsloser für einen neuen Arbeitsplatz in einer anderen Stadt, BRD und DDR, Herbst 1990, in Prozent

a) Wanderungsbereitschaft insgesamt

Wanderungsbereitschaft	BRD	DDR
Ja	29,8	29,5
Kommt darauf an	23,2	42,8
Nein	47,0	27,7
%	100,0	100,0
N	811	640

b) Gründe der Wanderungsbereiten, Mehrfachnennungen, in Prozent

	1. Nennung		2. Nennung	
Grund	BRD	DDR	BRD	DDR
Qualität des Arbeitsplatzes	27,8	19,3	14,6	13,8
Wenn Wohnung	20,2	33,9	15,6	25,2
Finanzen	15,4	*	31,7	17,9
Wenn Stadt/Gegend gefällt	11,2	*	*	*
Familie/Partner	*	20,6	*	12,9
N	421	451	421	451

c) Gründe der Nicht-Wanderungsbereiten, Mehrfachnennungen in Prozent

	1. Nennung		2. Nennung	
Grund	BRD	DDR	BRD	DDR
Bindung Familie	24,3	19,5	14,1	20,9
Wohnort	16,7	21,8	12,7	13,2
Arbeit Partner/in	14,6	14,9	*	*
Freunde/Bekannte	10,8	1,7	2,5	23,1
Haus/Wohnung	*	24,7	18,3	15,4
N	381	174	381	174

* = Sehr geringe Nennungen

Quelle: Forschungsprojekt „Wanderung und Wanderungsbereitschaft von Arbeitslosen“ (Friedrichs und Stolle, i. Vorb.).

- Die Qualität des neuen Arbeitsplatzes ist in der Tat der wichtigste Grund für die Bereitschaft zu einer Fernwanderung. Dies gilt allerdings unter den Bedingungen, daß eine neue Wohnung gefunden werden kann und das Gehalt angemessen ist.
- Umgekehrt sind die sozialen Netzwerke, also Familie, Freunde und Bekannte, der wichtigste Hinderungsgrund für eine Wanderung, gefolgt von der Bindung an den Wohnort.

Offenkundig sind die Risiken der Wanderung zu hoch im Vergleich zu der ebenfalls hohen Bindung an die gegenwärtige Stadt, die durch die sozialen Netzwerke, die Wohnung und den Beruf des Partners bzw. der Partnerin gegeben sind. Unsere Messungen der Kosten-Nutzen-Abwägungen, die die Befragten bei der Alternative Wandern oder Bleiben vornehmen, zeigen ganz eindeutig, daß der Nettonutzen des Bleibens für den weitaus größten Teil der Befragten höher ist als der einer Wanderung.

Diese Studie zeigt aber auch einen weiteren, für das Thema „Stadt und Bindung" wichtigen Sachverhalt: Die Bedeutung der Wohnung. Die Verfügbarkeit einer neuen Wohnung war sogar für die Befragten in den ostdeutschen Städten wichtiger als die Qualität des Arbeitsplatzes. Wenn aber nicht nur das soziale Netzwerk in der bisherigen Stadt, sondern auch die Chance, in der neuen Stadt eine angemessene Wohnung zu finden, die zentralen Gründe für die Bindung sind, so erweist sich in der gegenwärtigen Situation, nämlich einer hohen Wohnungsknappheit und hohen Mieten, der Wohnungsmarkt als ein außerordentlich wichtiger Hinderungsgrund für die räumliche Mobilität von Personen. Die Knappheit, so ließe sich überspitzt formulieren, erzwingt eine Bindung an die Stadt.

Kommunalpolitische Folgerungen

Die Ergebnisse belegen, daß nicht nur die sozialen Ressourcen, sondern auch die materiellen von hoher Bedeutung für die Bindung der Einwohner an die Stadt sind. Welche Folgerungen lassen sich hieraus für die kommunalpolitische Aufgabe, die Bindung zu erhöhen, ziehen?

Die sozialen Ressourcen kann eine Stadt nur indirekt beeinflussen, nämlich über eine der materiellen: die Vielfalt der Beschäftigten. Sie ist damit auf die Ansiedlung neuer Betriebe und Unternehmen angewiesen, um ihren „Bestand" zu diversifizieren. Diese materielle Ressource, nämlich neue Arbeitsplätze durch Ansiedlung, ist kommunalpolitisch aber nur begrenzt steuerbar, denn jede Kommune befindet sich im Wettbewerb mit allen anderen – und das zunehmend auf europäischer Ebene.

Nach den vorliegenden Prognosen über die Entwicklung der Städte in Europa beurteilt, sind in diesem Wettbewerb die großen und relativ prosperierenden Städte die Gewinner. Es sind allerdings, wie z. B. Paris, London, Frankfurt/Main, München, zugleich jene, in denen die zweite materielle Ressource, das Angebot an Wohnungen, sich ständig verknappt und damit zu außerordentlich hohen Kosten für das Wohnen führt. Es ist nachgerade absehbar, daß diese Entwicklung einen Punkt erreichen wird, wo das Wachstum seine Grenze findet und sich gegen sich selbst kehrt. Dann gewinnen kleinere Gemeinden ihre Chance, sofern sie eine gewisse Vielfalt und einen weniger angespannten Wohnungsmarkt aufweisen.

Das bringt mich zu meiner letzten These; sie ist kühn und deshalb als Frage formuliert. Ist es möglich, die bisherige Abfolge: Wohnungsbau folgt Arbeitsplätzen, umzukehren und durch ein der Nachfrage vorlaufendes Angebot an Wohnungen eine Ansiedlungspolitik zu betreiben?

Literatur

Böltken, Ferdinand, 1987: Soziale Disparitäten und soziale Netzwerke im regionalen Vergleich. Informationen zur Raumentwicklung, Heft 9/10. 1987: 543–549.

Engelbrecht, Gudrun und *Stolle*, Martin, 1992: Wanderung und Wanderungsbereitschaft von Arbeitslosen in Leipzig und Rostock. S. 1123–1132 in: Hansgünter Meyer (Hg.): Soziologen-Tag Leipzig 1991, Berlin: Akademie Verlag.

Esser, Hartmut, 1987: Lokale Identifikation im Ruhrgebiet. Zur allgemeinen Erklärung einer speziellen Angelegenheit. Informationen zur Raumentwicklung, Heft 3/1987: 109–118.

Feld, Scott L., 1984: The Structured Use of Personal Associates. Social Forces 62: 640–652.

Fischer, Claude S., 1982: To Dwell Among Friends. Personal Networks in Town and City. Chicago–London: University of Chicago Press.

Friedrichs, Jürgen und *Stolle,* Martin, i. V.: Wanderung und Wanderungsbereitschaft von Arbeitslosen. Opladen: Westdeutscher Verlag.

Janowitz, Morris, 1951: The Community Press in an Urban Setting. Chicago: Chicago University Press.

Kasarda, John D. und *Janowitz,* Morris, 1974: Community Attachment in Mass Societies. American Sociological Review 39: 328–339.

Sampson, Robert, 1988: Local Friendship Ties and Community Attachment in Mass Society: A Multilevel Systemic Model. American Sociological Review 53: 766–779.

Treinen, Heiner, 1965: Symbolische Ortsbezogenheit. Eine soziologische Untersuchung zum Heimatproblem. Kölner Zeitschrift für Soziologie und Sozialpsychologie 17: 73–97, 254–297.

Zimmermann, Horst, 1983: Die Ballungsgebiete in Wohnortpräferenzen und Mobilitätsverhalten. In: Deutsches Institut für Wirtschaftsforschung, Berlin (Hg.): DIW-Symposium: Strategien für mehr Arbeitsplätze in Berlin. Berlin: DIW.

Yasusada Yawata

Neuere Entwicklungen im Marketing in den Japanischen Unternehmen

Marketing-Verständnis im Japan von heute

Das Marketing wird in Japan im allgemeinen als der Kern unternehmerischer Aktivitäten angesehen. Die gesamte Belegschaft sowie die organisatorischen Einheiten des Unternehmens richten ihre Aufmerksamkeit darauf, die manifesten und latenten Käuferwünsche zu erfassen, und die gesamte Bandbreite unternehmerischer Aktivitäten, von der Produktplanung über Entwicklung und Produktion bis zur Distribution auf dem Markt ist daraufhin ausgelegt. So verstanden, ist Marketing weit mehr als bloße Marktforschung oder Verkaufsstrategie. Das Verständnis von Marketing geht sogar soweit, daß eine eventuelle Umorganisation eines Unternehmens (Restrukturierung) selbst mit einbezogen ist.

Nicht die Frage, wie verkaufe ich mein Produkt am besten, sondern die Bereitschaft, den unternehmerischen Handlungsrahmen und die organisatorische Struktur des Unternehmens selbst flexibel auf die Käuferwünsche einzustellen, macht den Kern des japanischen Marketing aus.

Institutionelle Aspekte des Marketing in Japan

Die soziale Distanz zwischen der akademischen Welt und der Wirtschaft ist in Japan viel kleiner als in Europa. Bereits in der Vorkriegszeit fanden die meisten Hochschulabsolventen Japans ihre Stellung in der Wirtschaft. Heute studieren knapp 40% der jungen Leute eines Jahrgangs. Sie pflegen – gemäß der japanischen Tradition – das ganze Leben lang gute persönliche Beziehungen zu ihrer Alma Mater. Diese dauerhaften, persönlichen Kontakte akademisch ausgebildeter Angestellter zu den Hochschulen können in vielfachen Formen wie z. B. bei der Durchführung eines Marktforschungsprojektes zu Beratungen und Kooperationen seitens der Professorenschaft und der universitären Fachinstitute führen.

Hochschulabsolventen werden von den Unternehmen im Prinzip unabhängig von den Studienfächern eingestellt. Nicht nur Betriebswirte, sondern auch Soziologen, Psychologen und Philosophen, aber auch Germanisten und Anglisten finden ohne Schwierigkeiten eine Stelle bei Unternehmen aller Branchen. Somit kann eine Firma über eine breite Palette von Fachgebietskombinationen unter der akademisch ausgebildeten Belegschaft verfügen, was ihr unter anderem bei Marketingvorhaben zugute kommt.

In der Regel werden Arbeiter und Angestellte innerhalb der Firmen ausgebildet. Bei größeren Unternehmen ist es heute üblich, daß die Beschäftigten ihre Gehälter zu 50% entsprechend dem Lebensalter und der Dauer der Firmenzugehörigkeit, jedoch zu 50% gemäß ihrer Leistung und persönlichen Qualifikation erhalten. Der Anteil der Leistungs- und Qualifikationsbelohnung ist in der Tendenz steigend. Die persönliche Qualifikation wird durch eine alle drei Jahre stattfindende Qualifikationsprüfung gemessen, wobei auch der Fortschritt in der Aneignung basaler Sachkenntnisse im Bereich Business und Management getestet wird. Kenntnisse im Bereich Marketing zählen zu den vom Arbeitgeber erwarteten Sachkenntnissen bei den Angestellten.

Beim Marketing durch ein Produktions- bzw. Handelsunternehmen wird nicht nur die Fachabteilung Marketing, sondern die gesamte Belegschaft dazu angeleitet, ständig Beurteilungen, Meinungen und Vorschläge in bezug auf die Produkte oder den Service ihrer Firma bei Einzelhändlern und Verbrauchern einzuholen und die gesammelten Informationen der Marketingabteilung ihrer Firma zum Zwecke der Analyse und Auswertung weiterzuleiten. Außer diesem ständigen Bemühen um Marktinformationen über den Weg persönlicher Kontakte führen einige Unternehmen auch eigene

Marktanalysen durch, die weitgehend in Richtung der „qualitativen" Marktanalyse gehen. Die primär „quantitativ" ausgerichtete Marktanalyse (Mass Marketing) wird immer weniger praktiziert.

Neuere Marketing-Tendenzen in Japan

Die Methoden des „Mass Marketing" beherrschten das Marketing in Japan bis zu den 70er Jahren. Große Fachunternehmen für Marktforschung dominierten die Szene. Es war die Periode der Hochkonjunktur und des raschen Wachstums, die bis zur Erdölkrise andauerte. Damals war den japanischen Produzenten vor allem daran gelegen, neue Produkte mit den rationellsten Massenproduktionsverfahren bei niedrigsten Kosten zu produzieren, Produktinformationen „auf den Markt zu werfen", und die Konsumenten zu überreden und zu überzeugen, die Produkte zu kaufen. Es war die Zeit des einseitigen Informationsflusses von seiten der Produzenten und es war die Zeit des Mass Marketing. Damals konnten die Produzenten nicht nur den Produktionsablauf von der Entwicklung neuer Produkte an, sondern auch noch die Distributionswege der Produkte bis zum Endverkauf weitestgehend beherrschen.

In den 70er Jahren kam es jedoch zu einer Rückbesinnung unter den Verkaufsmanagern der Unternehmen, denn sie fanden heraus, daß der Unterschied zwischen den Marktinformationen, die sie von den beauftragten Marktforschungsinstituten erhielten, und dem tatsächlichen Verkaufsergebnis immer größer wurde. Die Verkaufs- und Marketingmanager der Produktions- und Handelsfirmen nennen dafür drei Gründe:

1. Die im Auftrag durchgeführten Marktanalysen (Mass Marketing) konnten nicht alle Details des Informationsbedürfnisses der Unternehmen erfüllen. Die groß angelegten, kostspieligen Forschungsprojekte ließen sich nicht flexibel modifizieren oder mehrmals wiederholen.

2. Die Struktur des Verbrauchermarktes in Japan begann sich rasch zu verändern. Nicht nur das Marktvolumen, die

Struktur der Marktsegmente und die Sublimierung der Konsumtendenzen waren einer Veränderung unterworfen, sondern vor allem auch das Tempo der Veränderungen hat sich – im Zuge der zunehmenden „Informatisierung" der Gesellschaft – erhöht.

3. Die in Japan ohnehin ablehnende Haltung von Einzelpersonen und auch von Organisationen gegenüber einer offenen Darlegung von Informationen über private, innere oder intime Bereiche ihres Lebens erschwerte es, vertrauenswürdige Daten über den sich nicht nur quantitativ, sondern erst recht qualitativ rasch verändernden Markt zu gewinnen.

Wandel der sozio-ökonomischen Umwelt und des Marktes

Der Verbrauchermarkt ist im Wandel begriffen. Das hat nicht nur ökonomische, sondern wohl auch soziologische Gründe.

Die Knappheit an Arbeitskräften führte dazu, daß immer mehr Frauen berufstätig wurden. Nicht nur die jungen Frauen, die gerade aus Schulen und Hochschulen kamen, sondern auch die Hausfrauen begannen berufstätig zu werden. Da sie gemäß japanischer Tradition ohnehin schon über das Familieneinkommen verfügen, legten sie sich jetzt zusätzliche wirtschaftliche Macht zu. Dies führte zur Entstehung umfassender neuer Marktsegmente bei jungen Frauen, die im Schnitt weit höher gebildet sind als die Generation ihrer Mütter. Sie entwickelten Lebensstile, die für die älteren Generationen ungewohnt und unverständlich erscheinen mußten.

Die Bevölkerungsanteile mit hohem Lebensalter stellen neuerdings ein neues, sich immer mehr vergrößerndes Marktsegment dar. Die Anteile der alten Menschen an der Gesamtbevölkerung nehmen nicht nur relativ zu der zurückgehenden jungen Generation zu, sondern die absoluten Zahlen der Personen über 65 Jahre nehmen – als Ergebnis der verbesserten Sozialfürsorge, der medizinischen Maßnahmen und der Systeme der Gesundheitskontrolle – ständig zu. (Japaner weisen die längste Lebenserwartung in der Welt auf; sie beträgt für Männer 75.9 Jahre und für Frauen 81,8 Jahre.)

Mit dem Heranwachsen der Jugendlichen, die mitten in der Wachstumsperiode geboren sind und weder wirtschaftliche noch gesellschaftliche Krisenzeiten je erlebt haben, die nur noch den materiellen und dienstleistungsmäßigen Wohlstand kennen, stellt sich ein neues Problem auch für die Wirtschaft dar. Die jungen Menschen, die 20jährigen, sind die Kinder der „Baby-Boom"-Generation der Nachkriegsjahre, die heute selbst knapp 50 Jahre alt ist. Die heute 20jährigen sind deshalb auch eine Generation, die über die Jahrgänge vor und nach ihnen zahlenmäßig dominieren. Die jungen Generationen können heute über eine hohe Geldmenge verfügen, die sie ja in einer Zeit der extremen Arbeitskraftknappheit leicht verdienen können.

Die Generationen, die den 20jährigen folgen, werden zwar wegen der rückläufigen Geburtenrate zahlenmäßig immer kleiner, jedoch können sie wirtschaftlich mindestens als gleichgewichtig angesehen werden. Gerade wegen der ständig zurückgehenden Geburtenrate (heute: 1.3 Kinder pro Ehepaar) können sie eine stärkere Aufmerksamkeit und finanzielle Unterstützungsbereitschaft der Eltern und auch der Verwandtschaft auf sich ziehen. Ihre Wünsche werden von den Eltern großzügiger erfüllt, insbesondere von den Müttern, die ja das Familieneinkommen verwalten. Somit sind sie imstande, den Inhalt der Konsumausgaben privater Haushalte ganz wesentlich zu beeinflussen, auch wenn sie selber nicht bezahlen.

Außerdem ist es für die Unternehmen von entscheidender Bedeutung zu erfassen, welches Konsumverhalten diese neuen, in der japanischen Geschichte noch nie dagewesenen Generationen entwickeln werden, damit man sich auf die Trends der Marktentwicklung in der nahen Zukunft frühzeitig genug einstellen kann.

Wie erfaßt man die Wünsche der jungen Leute? Eine Fallstudie im „Target Marketing"

Auf eine Periode des *Mass Marketing*, und damit auch der Marktbeherrschung durch den Produzenten, folgte dann die neue Periode des *Database Marketing*. Mit dem rapide steigenden und stark diversifizierenden Verbrauchermarkt, der vor allem durch die explosive Entwicklung von Supermarktketten gekennzeichnet ist, wurde *Database Marketing* zur dominanten Tendenz. Die Bestückung von Registrierkassen mit „bar code"-Geräten sowie die zentrale Verarbeitung der Verkaufsinformationen per Computer brachte den großen Supermarktunternehmen die beherrschende Stellung auf dem japanischen Markt, in dem Sinne, daß sie nunmehr imstande waren, dem Produzenten gegenüber zu „diktieren", was sie wie, zu welchen Preisen und in welcher Verpackung zu produzieren haben. In der zweiten Hälfte der 80er Jahre begann sich eine Reihe von neuen, relativ selbständigen Marktsegmenten vor allem in bezug auf junge Frauen, alte Menschen und Jugendliche zu entwickeln. Da diese neuen Marktsegmente sich weiter divergieren und sublimieren, ist es heute für die Warenanbieter extrem schwierig geworden, den immer neuen Verwandlungen des Verhaltens von reichlich mit Waren- und Marktinformationen bestückten Verbrauchern zu folgen und eine wirksame Produktions- und Verkaufsstrategie zu entwickeln. Die neueste Tendenz im Marketing ist *Target Marketing*.

In bezug auf den Markt junger Leute – und das hier Gesagte läßt sich mit einigen Modifikationen auch auf die jungen Frauen und die alten Menschen übertragen – kann man feststellen, daß junge Menschen sich an vielfachen, zahlreichen Gruppierungen verschiedenster Art beteiligen, die als Signalsender für neue Stile in Konsumverhalten und modischen Geschmacksrichtungen fungieren. Das sich ständig verändernde Konsumverhalten der jungen Menschen geht weit über die Grenzen des Vorstellungsvermögens der Erwachsenen hinaus. Mehrere Firmen, die bisher reine Produzenten von Konsumwaren gewesen sind, eröffnen seit einigen Jahren sogenannte „Antennen-Geschäfte" in eigener Regie, um über den Direktverkauf an die Verbraucher detaillierte Marktinformationen zu sammeln und so ihre Produkte besser an die Marktentwicklungen anpassen zu können. Ihre Absicht ist dabei auch, durch die Sammlung von „heißen" Marktinformationen gegenüber den Verkaufsgeschäften die eigene Marketing-Position zu stärken, um sich so von den Bevormundungen durch Großhändler und große Endverbrauchsunternehmen zu befreien. Verkaufsgewinne zu erzielen ist dabei nicht unbedingt das erstrangige Ziel dieser Antennen-Geschäfte.

Das Projekt „Young Scream"

a. Wie kommt man bei den Jugendlichen an?

Die jungen Menschen von heute sind in einer sozio-ökonomischen Umwelt, der „Gesellschaft im Überfluß (affluent society)" aufgewachsen, welche für die japanische Vergangenheit beispiellos ist. Sie zeigen Denk- und Verhaltensweisen, welche für die Erwachsenen völlig unverständlich bleiben müssen. Erwachsene bringen sie z. B. dadurch in Unsicherheit, daß sie in die traditionell für Erwachsene reservierten Domänen in Massen eindringen, um nach einer Weile genauso abrupt wieder zu verschwinden (z. B. teure Hotels als Ort der Parties). Sie bilden dann ausgerechnet in solchen sozialen Nischen Gruppen, in denen es die Erwachsenen am wenigsten erwarten. Die „alien", im Sinne von „Lebewesen von einem fremden Stern", ist heute das geflügelte Wort, wenn Erwachsene von der jungen Generation sprechen. Masanori *Tamura,* Professor für Betriebswirtschaft an der Universität Kobe, meint, daß die jungen Menschen durch ihr für die herkömmliche Konsumkultur gänzlich ungewohntes Verhalten nicht nur die Erwachsenenwelt in Verlegenheit bringen, sondern durch ihre „innovative" Attitude auch eine gründliche Veränderung der Marktstruktur herbeiführen, welche sogar die seit langem für gefestigt gehaltenen Rangordnungen der Industrieunternehmen auf dem jeweiligen

Markt erschüttern können. (Tamura M. und Faasuto Yangu Kenkyuukai, Yangu Sukuriimu (Young Scream), PHP Kenkyujyo, Tokyo 1990)

b. Methodologische Fragen

Tamura und seine Mitarbeiter (Marktforscher der First Corporation) kamen bereits im Frühstadium ihrer fünfjährigen Jugend-Markt-Forschung zu dem Ergebnis, daß die herkömmlichen Verfahren des Sampling und der analytisch-wissenschaftlichen Theorie des Verbraucherverhaltens nicht dafür geeignet sind, das hochgradig sensible Konsumverhalten der jungen Menschen zu verstehen und zu erfassen. Das Forscherteam versuchte daher, die jungen Menschen nicht mehr als eine „Datenkategorie" zu betrachten, sondern die Sicht- und Denkweisen der jungen Menschen durch unmittelbare Teilnahme an ihrem Leben als eine Ganzheit zu erfassen. Diese Untersuchung besteht aus Wiederholungen von Zyklen einzelner Untersuchungsetappen, nämlich: Sammlung von privaten und persönlichen Verhaltensdaten durch kontinuierliche Beobachtung, gefolgt von Hypothesenkonstruktion, Beobachtung der jugendlichen Szene gemäß der Hypothesenbildung sowie Korrektur der Hypothesen aufgrund der Beobachtungsdaten. Tamura u.a. fanden dabei heraus, daß eine Gruppe junger Leute aus einer „führenden" Person und der „Masse" besteht, die der Führungsperson (young innovator) folgen.

Ein Mitarbeiter der First Corporation, der als Kunstmaler an einer Kunstakademie ausgebildet wurde, in seiner Freizeit aber auch als semiprofessioneller Rockmusiker aktiv war, organisierte für die Jugendgruppen ein Rockfestival in Osaka, was einen großen Widerhall unter den jungen Leuten fand. Die „Innovatoren" unter den Jugendlichen fanden in dem Forscherteam Gesprächspartner, bei denen sie ihre Meinungen, Sorgen, Interessen und Träume ohne Vorbehalt loswerden konnten. Bald wurde das Büro der „First Corporation" ein Sammelplatz für junge Leute verschiedenster Gruppierungen, die frei ein- und ausgingen. Die Forscher organisierten daraufhin über die Freunde und Bekannten dieser jungen Leute ein fast nationales Netz von „innovativen" Personen. In allen wichtigen Bereichen ihres Lebens, d.h. Kleidung, Essen, Wohnen und Freizeitverhalten haben die Forscher mit den „innovativen" Jugendlichen über deren Lebensstile, Wertmaßstäbe und konkretes Konsumverhalten gesprochen. Die Forscher konnten so mit den Jugendlichen auch in deren private Lebenssphären hineingehen, diese beobachten und dokumentieren. Aus diesen Daten, so Tamura, lassen sich Träume und Ideale der jungen Leute herauslesen, die auch mit charakteristischen Ängsten und Unsicherheiten vermengt sind.

c. Symbolische Werte des Konsums

Tamura und seine Mitarbeiter meinen, daß der Konsum für die jungen Menschen einen bemerkenswerten Symbolwert besitzt, dessen Inhalte sich jedoch von denen der Erwachsenen wesentlich unterscheiden. So z.B. ist Skifahren für die Erwachsenen ein Sport, für die jungen Menschen jedoch eine Gelegenheit, gleichaltrige Personen des anderen Geschlechts kennenzulernen. Wenn ein sogenannter „convenience store" (große Warenpalette; von morgens früh bis spät abends oder gar 24 Stunden geöffnet) neu eröffnet wird, geht ein Café in der Nähe zugrunde, sagt man heute in Japan. Die jungen Leute ziehen die offene und legere Atmosphäre eines solchen Ladens zum Kaffeetrinken einem formellen und steifen Café vor. Die „convenience stores" dienen jungen Menschen gleichzeitig als ein Ort, an dem man Informationen austauscht.

Der „personal computer" ist für die Erwachsenen ein fremdartiges Gerät, dessen Beherrschung jedoch über die Stellung und das Gehalt innerhalb der Firma entscheiden kann, also ein Symbol für Barriere und Bedrängnis. Für die jungen Menschen ist ein „personal computer" jedoch nichts anderes als ein über alles amüsantes und anregendes Spielgerät.

Das bisherige Marketing, so Tamura, war hauptsächlich

auf die Phase des Verkaufs von Konsumwaren konzentriert und vernachlässigte die Frage, wie die gekauften Gegenstände dann „gebraucht“ werden. Gerade im Gebrauch erscheinen die Symbolwerte in sichtbaren Formen und Gestalten. Die Jugendlichen verändern den von den Produzenten vorgegebenen Gebrauchszweck einer Ware ohne Umschweife in einen anderen. So wird ein Unterhemd einfach als T-Shirt auf der Straße getragen, ein Halstuch wird in einen Gürtel umfunktioniert. Der Bademantel wird als Wandteppich aufgehängt und Baby-Creme zählt zu den beliebtesten Kosmetikartikeln bei Mädchen. Hier liegt das Faktum vor, daß zwischen den jungen Leuten und den Produzenten ein völliger Unterschied in den symbolischen Bedeutungen ein und desselben Produktes besteht.

d. Musikalische Genres als Indizien für Konsumverhalten

Tamura weist ferner darauf hin, daß bei den jungen Menschen zwischen den jeweiligen musikalischen Geschmacksrichtungen und den symbolischen Werten, die sie durch ihr Konsumverhalten zur Geltung zu bringen versuchen, bestimmte Zusammenhänge bestehen. Man kann von den Jugendlichen, die in ihrem Musikkonsum die weithin bekannten Künstler bevorzugen, keine Initiative in bezug auf neue Gesichtspunkte und Wertempfindungen erwarten. Bei den Jugendlichen jedoch, die immer nach unbekanntem Musikmaterial Ausschau halten oder die längst in Vergessenheit geratene Musikarten und Darsteller suchen, kann man ein ausgeprägtes Bewußtsein entdecken, stets die neuesten Trends in der Gesellschaft zu erfassen und das Echte unter den Angeboten auf dem Markt ausmachen zu wollen.

Bei einem Interview mit Schülerinnen einer Oberschule fand das Forscherteam heraus, daß die Schülerinnen des Typus, den die Erwachsenen, d. h. hier vor allem Produzenten der Fernsehwerbung, für die Majorität oder normal halten, nur höchstens 30% ausmachen. Der Rest ist in zwei verschiedene Richtungen gespalten, nämlich einmal die Gruppen, die durch „young innovators“ angeführt oder beeinflußt sind, die gute Schulleistungen, ein avantgardistisches, hochgradig künstlerisches bzw. anspruchsvolles Geschmacksniveau in Musik, Kleidung und sonstigen Bereichen demonstrieren. Die andere Gruppe ist unter den „young innovators“ angesiedelt, sie lernen kaum und haben ein starkes Verlangen, aus dem jetzigen Schülerdasein zu entfliehen. Sie bringen ihre Eigentümlichkeiten durch ihren radikalen, schockierenden Geschmack zum Ausdruck. In beiden Fällen sind die jungen Leute gegen alles, was „langweilig und nicht stimulierend“ ist. So gesehen sind 70% der Jugendlichen dieses Alters völlig außerhalb der Reichweite der Marktbemühungen der Erwachsenenwelt. Sie tauschen und verbreiten in erstaunlicher Geschwindigkeit und Breitenwirkung ihre Urteile, z. B. über die „geschmacklose“ Fernsehwerbung oder Design und Verpackung von Waren, ohne Rücksicht auf die Intention der Anbieter. Da die Jugendlichen, die „geschmacklose“ Dinge kaufen, von ihren Kollegen schief angeschaut werden, haben solche „Flüsterkampagnen“ eine mitunter katastrophale Wirkung für die Warenanbieter. Wir sollten dabei auch die Tatsache nicht vergessen, daß die jungen Schüler von heute, besonders in Japan, mindestens einen mittelbaren, in dessen Ausmaß jedoch entscheidenden Einfluß auf die Konsumausgaben der Haushalte ausüben.

e. Wo fühlen sich die Jugendlichen geborgen?

Es gilt heute als selbstverständlich, daß die Stadtviertel, in denen sich die Jugendlichen sammeln, auch geschäftsmäßig aufblühen. Wenn die Jugendlichen von der Szene verschwinden, ist dies auch ein Signal für den Untergang der Gegend. Dennoch gibt es nur wenige Untersuchungen darüber, welche Art räumlicher Gestaltung von den Jugendlichen bevorzugt wird. Tamura und seine Mitarbeiter haben in Bild und Text die Jugendlichen erzählen lassen, welche Räumlichkeiten sie sich als Konsumgelegenheiten für Waren und Service wünschen. Sie wollen Räumlichkeiten finden, in denen sie ihre Vorbereitungen für Aufnahmeexamen (für Oberschule oder Hochschule) auf angenehme oder gar spaßvolle Weise machen können. Sie wollen aber auch solche „Geschäfte“ haben, in denen sie ihren Streß loswerden können.

Die von den Jugendlichen erträumten Geschäfte haben einige Gemeinsamkeiten:

1. Ihre Traumgeschäfte sollen ihre Wünsche in ihrer Totalität erfüllen. Die verschiedensten Warengattungen und Serviceleistungen sollen von einem Geschäft sozusagen wohl koordiniert und „herausgegeben (ediert)“ werden. Der Lebensstil der jungen Menschen soll in einem Geschäft als eine Ganzheit verwirklicht sein.

2. In ihren Vorstellungen kommen Preisschilder nicht vor. Die Jugendlichen scheinen bereit zu sein, für Waren und Service ihrer Träume relativ unabhängig von der Preisfrage die nötigen Ausgaben auch zu leisten.

3. Sie beschreiben Uniformen und Charakteristika des Service-Personals exakt und detailliert. Sie wollen, daß die Charakteristika des Personals dem symbolischen Gehalt eines Geschäfts genau entsprechen.

4. Die äußere Erscheinungsform der von ihnen visionierten Geschäfte ist vielfältig. Sie gleichen sich jedoch darin, daß sie Inhalt und Service der angebotenen Waren bereits durch ihr Aussehen zum Ausdruck bringen. Im Innenraum solcher Geschäfte befindet sich immer ein angenehmer Raum fürs Zusammentreffen.

5. Die Jugendlichen suchen in solchen Traumgeschäften durchaus einen Rahmen, in dem sie in Geborgenheit und Gemütlichkeit zusammenfinden können. Sie bevorzugen deshalb als Standort für solche Geschäfte eher ein Viertel in der Peripherie einer Stadt, einen Platz in wenig bekannten Straßen, in der Hafengegend, in Lagerhäusern oder auch im Fabrikviertel.

Schluß

Die jungen Menschen stellen auf dem Markt von heute eine Zielgruppe dar, die sich schnell bewegt und verwandelt, mindestens in den Augen der Erwachsenen, Produzenten und Verkäufer. Ähnliches wird sich auch bezüglich des ebenfalls neuen Marktes der alten Menschen und der jungen Frauen sagen lassen. Denn auch sie sind in Lebensstil und Verhaltensweisen gänzlich anders, als sie bisher aus der Tradition heraus verstanden worden sind. Höheres Bildungsniveau, höherer Lebensstandard, größere Freiheit in den Ausgaben und längere Lebenserwartung machen diese Menschengruppe ebenfalls zu einer völlig neuartigen Erscheinung in Japan. Jedes Unternehmen, das nicht imstande ist, sich flexibel auf die neuen und überaus beweglichen Marktsituationen einzustellen, wird scheitern. Beispiele dafür sind reichlich vorhanden. Die neuen Entwicklungen auf dem Markt zwingen nun vor allem lang etablierte Großunternehmen dazu, eine zum Teil schmerzhafte Restrukturierung ihrer Organisation vorzunehmen, um zu überleben. Das Losungswort dabei ist zu *entschlacken,* damit eine hochgradig mobile Zielverfolgung ermöglicht wird. Wie die japanischen Unternehmen sich hierum bemühen, wird allerdings in einem Bericht darzulegen sein, der zu einem anderen Sachgebiet gehört.

Manfred Buchwald

Hörer- und Seherbindung im Medienwettbewerb eines offenen Europa

Wenn man – wie ich – fast am Ende eines Geleitzuges von so kompetenten und prominenten Rednern und dann auch noch unmittelbar nach der Mittagspause an dieses Pult tritt, läuft man Gefahr, auf ein schon ermattetes Interesse zu stoßen. Meine Gedanken, für die ich Ihre Aufmerksamkeit erbitte, resultieren allerdings aus einem so andersartigen Berufs- und Erlebensfeld, daß ich vielleicht doch hoffen kann, auch zu dieser Nachmittagsstunde noch wahrgenommen zu werden. Ich hege diese Hoffnung auch deshalb, weil ich in einigen Passagen meines Referates gedankliche Seitensprünge wage, gegen mancherlei Striche bürsten und hie und da wohl auch Ihr Mißfallen erregen werde. Ich muß vorausschicken, daß ich kein Sozialforscher, sondern gelernter Historiker bin, daß ich den größten Teil meines beruflichen Lebens als politischer Journalist verbracht habe, daß ich zur Zeit als Intendant einer öffentlich-rechtlichen Rundfunkanstalt in besonders nervösen Feldern der öffentlichen Kommunikation arbeite und daß dieser Sender in der Grenzregion zwischen Frankreich, Luxemburg und Deutschland arbeitet. Diesen persönlichen Befindlichkeiten mögen Sie es bitte zuschreiben, wenn ich hie und da mit jener Branche oder Wissenschaft, die Sie vertreten, fragend, manchmal vorwurfsvoll fragend, umgehen muß. Aber die Entwicklung der Massenkommunikation hierzulande und in Europa erlaubt nun einmal keinen allzu keuschen Umgang miteinander.

Wenn von den Hörern und Sehern in einem neuen, offenen Europa die Rede ist, haben Politiker zumeist ihre Wähler im Sinn, denken Unternehmen vor allem an die Verbraucher, nimmt die Werbewirtschaft die Mediennutzer als Adressaten ihrer Botschaften aufs Korn. Das offene Europa wird ein Europa der kommerziellen und institutionellen Strategien sein. Vielleicht wird es ein de Gaulle'sches Europa der Vaterländer, vielleicht ein Europa der Regionen, ganz sicher aber ein Europa der Interessengruppen, ein Europa der Verbände und Pressure-groups, der Öffentlichkeitsarbeiter und der Bewußtseinsindustrie.

Das ist weder verwerflich noch erstaunlich, denn zu einer freiheitlich gewollten, pluralistisch verfaßten Öffentlichkeit gehören der Kampf um Marktanteile, der Kampf um einen Platz im Bewußtsein der Menschen, der Kampf um öffentliche Wahrnehmung, um Image und Reputation. Sie, meine Damen und Herren, sind als Sozial- und Marktforscher in diese Prozesse eingebunden. Sie erkunden gesellschaftliche und wirtschaftliche Befindlichkeiten. Sie tun dies meist im Auftrag von unterschiedlichen Interessenten, und Ihre Erkenntnisse werden zu Argumenten, zu Instrumenten, manchmal auch zu Waffen jener öffentlichen Auseinandersetzung, von der ich soeben gesprochen habe. Den Massenmedien kommt dabei zunächst eine reine Multiplikationsfunktion zu: Sie geben Ihre Forschungsergebnisse, Ihre Analysen an ein disperses Publikum weiter, meist ohne zu wissen, was sie in den Köpfen von Lesern, Hörern und Zuschauern bewirken. Aber Ergebnisse von Markt- und Sozialforschung werden von den Medien nicht nur wertfrei, gleichsam zur freibleibenden Urteilsbildung weitergegeben. Sie werden im selektiven Prozeß der Informationsarbeit auch gezielt, mit der Absicht öffentlicher Effekte publiziert. Und sie sind – auch oder gerade in den Massenmedien – ein Stolz, mit dem sich arbeiten läßt, wenn den eigenen Auffassungen der Glanz objektiver, durch Wissenschaft belegter Authentizität gegeben werden soll. Objekte Ihrer Arbeit und der der Massenmedien sind die Bürger. Auch die Medien brauchen sie. Leser-, Zuschauer-, Hörerbindungen stehen im Zentrum aller publizistischen Strategien. Denn: Das Publikum ist die Auflage, und die Auflage oder Einschaltquote bestimmt den Erfolg der Medien. Und auch der weitgehend kommerzfrei gestaltete öffentlich-rechtliche Rundfunk bemißt seinen publizistischen Erfolg an der Akzeptanz des Angebotes, die er durch die Quote eingeschalteter Geräte erfährt.

Man mag es drehen und wenden wie man will, man mag es mögen oder nicht – ein Programm mit Quote Null ist nun einmal nicht wahrgenommen worden, und eine Zeitung ohne Auflage gibt es nicht.

Daraus resultieren (zumindest) drei überaus erhebliche Fragen, die uns im Verlauf des Referats immer wieder begegnen werden:

1. nach der Qualität des Angebots,
2. – daraus folgend – nach der Qualität der Akzeptanz und
3. nach der Qualität des Publikums.

Und diese Fragen wiederum lösen übergeordnete aus: Welche gesellschaftlichen Folgen hat eine europäische Massenkommunikation? In welche ordnungspolitischen Parameter ist sie eingebettet? Dies alles sind Fragen nach Qualität. Dazu erhalten wir aus der Sozial- und Marktforschung nur höchst dürftige Antworten. Das liegt offensichtlich daran, daß Sie, meine Damen und Herren, vor allem Quantitäten analysieren. Ihre Auftraggeber wollen es so: Sie fragen zumeist nach dem „Wieviel", weil sie dadurch Nachfragemengen, Marktsegmente, parteipolitische Entscheidungspotentiale, kurz – berechenbare Kalkulationsgrößen erfahren.

Das „Wie" oder „Warum" des Rezeptionsprozesses ist schwerer zu erkunden. Es entzieht sich weitgehend der quantitativ-statistischen Analysemethodik der Sozialwissenschaften und ist zudem für die Auftraggeber meist von nachrangiger oder keiner Bedeutung, weil es – salopp gesprochen – „nichts bringt".

Mir ist bewußt, daß ich hier überspitzt, Ihren Protest herausfordernd formuliere. Ich beziehe mich jedoch auf das Generalthema dieser Veranstaltung, in dem es ja auch heißt: „Orientierung für ein neues Europa durch Markt- und Sozialforschung". Ich bin nicht sicher, ob wir eine solche Orientierungshilfe von der Sozialforschung erwarten können. Vielmehr vermisse ich sie allenthalben und möchte dieses Defizitempfinden durch drei sehr unterschiedliche Schlaglichter beleuchten.

1. Zu den – so scheint mir – gesicherten Erkenntnissen der Sozialforschung gehört das Phänomen des rapide zunehmenden Autoritäts- und Kompetenzverfalls gesellschaftlicher Institutionen. Nicht nur in Deutschland, sondern allenthalben in Europa. Dieser wachsende Glaubwürdigkeitsverlust betrifft die Parteien ebenso wie die Kirchen, die Gewerkschaften, die Medien, die Wissenschaft, die Wirtschaft.

Unserer Gesellschaft ist offensichtlich mit den Autoritäten auch das Selbstbewußtsein abhanden gekommen. Es fehlt die Anerkennung des institutionellen Handelns, aber es fehlt weithin auch der artikulierte Widerspruch gegen dieses Handeln.

Dieser für demokratische Gemeinwesen lebenswichtige, kreative Antagonismus von Akzeptanz und Widerspruch hat Schaden genommen. Die gegenwärtige Gesellschaft wirkt bleiern müde, wie unter Valium stehend. Oskar Lafontaine spricht von den „wunschlos unglücklichen" Deutschen, beklagt den „Mangel an zukunftsweisenden Konzeptionen" und die „prinzipielle Kurzsichtigkeit der vorherrschenden Politik", in die er sehr wohl auch seine eigene Partei mit einbezieht. „Wo bleiben denn", so fragt er, „die Denkschriften der großen Kirchen …? Wo bleiben die Intellektuellen, an denen sich Politiker reiben könnten? … Wo bleiben die Philosophen, die Wege aus der Sinnkrise aufzeigen?"[1]).

Sie alle scheinen unter Valium zu stehen. Jedenfalls macht sich eine bedrückende Ratlosigkeit breit. Sie hat nachweisbare Folgen: zunehmende Radikalität, Abstinenz, Parteiverdrossenheit, Kirchenaustritte, Wahlenthaltung, Flucht ins Private, Denunzierung öffentlicher Funktionsträger.

Diesen Feststellungen wird man kaum widersprechen können. Aber: *Warum* ist es zu diesem Befund gekommen? *Wie* ist dieser „Valium-Effekt" erklärbar? Gibt es darauf Antwor-

[1]) Oskar Lafontaine, in: Hofmann/Perger (Hrsg.): Die Kontroverse – Weizsäckers Parteien-Kritik in der Diskussion. Eichborn-Verlag, Frankfurt am Main 1992.

ten, Orientierungen durch die Sozialwissenschaften? Mag sein, daß ich sie nicht kenne.

2. Diesmal ein Beispiel aus meinem Berufsfeld: ein ausgeklügeltes Analysesystem versetzt mich als Intendanten einer Rundfunkanstalt in die Lage, morgen bereits zu wissen, wieviele Menschen heute wie lange welches Fernsehangebot genutzt haben. Mehr noch. Ich kann erfahren, wieviele Junge und Alte, wieviele Haushalte mit einem bestimmten Monatseinkommen eingeschaltet waren. Die quantitativ statistische Methode der Marktforschung funktioniert fantastisch und hat enorme Folgen für die gesamte Massenkommunikation, von denen noch zu sprechen sein wird. Ich erfahre allerdings auch hier nichts darüber, *warum* die Menschen ferngesehen haben, *wie* das Medienangebot auf sie gewirkt hat, ob sie damit glücklich oder unzufrieden waren.

3. Eine Anmerkung gewiß minderen Gewichts, aber wiederum aus der Medienszene. Immer häufiger bedienen wir uns im Fernsehen einer medienspezifischen Befragungsmethode, die sich trefflich in mancherlei Programmfeldern unterhaltend einbauen läßt. Ich meine die sogenannte TED-Befragung, bei der sich Zuschauer mittels Telefon und bestimmter Zahlenkombinationen für verschiedene über den Bildschirm angebotene Entscheidungsalternativen aussprechen können. So werden beispielsweise Mehrheitswünsche für ein Spielfilmangebot oder für die Wiedergabe bestimmter Fußballspiele aus den Bundesligen ermittelt. Es wird aber auch nach politischen oder gar intimen Auffassungen und Präferenzen gefragt (beispielsweise zur Abtreibungsproblematik, zum Wehrdienst, zur Homosexualität, zum Zölibat usw.).
Nie aber erfahren wir auf diesem Wege, *warum* die TED-Antworter sich so und nicht anders entschieden haben. Und wir erfahren auch nicht, *wie* sie zu ihrer Auffassung gelangt sind. Wir haben es vielmehr mit höchst fragwürdigen Scheinplebisziten zu tun. Der Fernsehzuschauer wird zwar zum zählbaren Medienobjekt. Aber letztlich bleibt er in seiner persönlichen Befindlichkeit und seinen diffizilen spezialen Schichtungen und Motiven unerkannt. Ist dies auf ein Versäumnis der Sozialwissenschaften zurückzuführen? Haben

wir uns in den Medien des leichtfertigen Umgangs mit sozialwissenschaftlichen Instrumentarien schuldig gemacht, die ja auch von Sozialwissenschaftlern selbst angezweifelt werden? Jedenfalls ließen sich meine Beispiele beliebig erweitern. Sie sollen lediglich belegen, daß wir trotz ausgefuchster Demoskopie über den Seher und Hörer qualitativ erschreckend wenig wissen.

Quantitativ dagegen wissen wir dank der Sozialforschung eine ganze Menge:

1. Daß das Publikum zu rund Dreivierteln in Radio und Fernsehen Unterhaltung, Kurzweil, Zeitvertreib sucht.

2. Daß der durchschnittliche Europäer mehr als zweieinhalb Stunden täglich fernsieht[2]).

3. Daß der Durchschnittsbürger nach Schlaf und Arbeit den größten Teil seines täglichen Zeitbudgets mit der Nutzung von Sende- und Druckmedien verbringt, sich also – um ein Wort von Harry Proß zu benutzen – von den Medien Lebenszeit stehlen läßt.

4. Und das ist eine Binsenwahrheit der Kommunikationswissenschaft – daß jedes Mehr an Massenkommunikation einen Verlust an Individualkommunikation bedeutet.

5. Daß wir vom Angebot her die potentiell bestinformierte Gesellschaft aller Zeiten sind. Ob wir es auch tatsächlich sind, überlasse ich Ihrem Urteil. Ich habe da massive Zweifel.

Wenn wir solche Daten kennen, verdanken wir dies eindeutig der Markt- und Sozialforschung, aber die kausalen Zusammenhänge bleiben dunkel. Und diese sind doch wohl gemeint, wenn im Generaltitel des Symposions von „Sozialen Beziehungen", von „Politischer Verantwortung" die Rede ist. Ist dieses Defizit der Sozialforschung anzulasten, die solche Kausalitäten nicht erhellen kann, oder liegt es an uns, die bisher zu wenig nach den filigranen Wirkungsgeflechten der Massenkommunikation gefragt haben? Ich weiß es nicht.

[2]) Nach Bernd Pulch, Starke Penetration Europas durch Satellitensender; in: HORIZONT 16.10.1992.

Aber diese Fragen stellen sich täglich drängender. Das wird deutlich, wenn ich mit Zahlen eine Dimensionierung des Problems darzustellen versuche[3]).

Ich beginne mit der deutschen Szene: „Im vergangenen Jahr wurden pro Tag durchschnittlich etwa 22 Spielfilme ausgestrahlt; 1988 waren es erst rund halb so viele. In diesem Jahr wird die Zahl der Spielfilm-Sendetermine im Fernsehen auf über 10000 steigen. Das sind durchschnittlich 27 Termine pro Kalendertag. Da der Nachschub an neuer attraktiver Ware schon längst nicht mehr ausreicht, wird bei weiter steigender Zahl von Sendeterminen der Anteil der Wiederholungen künftig zwangsläufig weiter steigen.

In der größer gewordenen Bundesrepublik dürfte es zur Zeit rund 150 private Radiosender geben. Hinzu kommen schätzungsweise 60 öffentlich-rechtliche Hörfunkprogramme. Zwei nationale Programme des „Rundfunk deutscher Länder" sind in Vorbereitung.

Oder betrachten wir die europäische Szene[4]):

Derzeit strahlen mehr als 20 Satelliten insgesamt 90 Fernseh- und Hörfunkprograme ab, die auf dem europäischen Kontinent empfangen werden können. Allein in den nächsten 18 Monaten sollen 42 neue Satellitenkanäle an den Start gehen[5]). Bis zum Ende des Jahrzehnts wird die Zahl der über Europa abgestrahlten Fernsehprograme auf mindestens 200 steigen. Sie werden sich fast alle, da sie zumeist privatwirtschaftlich verfaßt sind, aus Werbeeinnahmen finanzieren müssen. Um diese erzielen zu können, muß es entweder ein entsprechend wachsendes Werbeaufkommen oder eine gewaltige Umschichtung der Werbeaufwände von den Print- zu den Sendemedien geben. Die Fernseh-Werbeausgaben in Europa liegen heute bei $ 18,5 Mrd. Nur knapp 10% davon

[3]) „Filmstatistisches Taschenbuch 1992" der SPIO (Spitzenorganisation der Filmwirtschaft e.V.); hier zitiert aus: Medienspiegel der Wirtschaft; Nr. 48 vom 19.10.1992.

[4]) Die folgenden Zahlen aus: Rüdiger Schmitt-Beck, Satellitenfernsehen in Deutschland – Eine Bestandsaufnahme von Angebot, Empfangswegen und Reichweiten der neuen Satellitenprogramme; in. Media-Perspektiven 8/1992, S. 470ff.

[5]) Bernd Pulch, a.a.O.

sind heute Werbeaufwendungen für Satellitenkanäle. Im Jahre 2003 rechnet man mit $ 31,5 Mrd. europäischer TV-Werbung und mit einem Satelliten-Anteil von über 20% = $ 6,3 Mrd.[6]).

Diese Zahlen verdanken wir den Marktforschern von Zenith Media World Wide, einer hundertprozentigen Tochter der renommierten Londoner Agentur Saatchi & Saatchi. Ich begegne solchen Prognosen mit tiefer und begründeter Skepsis. Ich werde davon noch zu sprechen haben. Aber an diesen Zahlen berauschen sich jene, die zur Zeit mit geradezu besinnungsloser Euphorie immer neue Kanäle, immer neue Programme erfinden und an die grenzenlose neue Medienvielfalt glauben. Ich spreche deswegen von besinnungslosem Expansionismus, weil alle damit verbundenen Folgen kaum beachtet und kalkuliert werden. Eine europaweite oder gar weltweite Konjunkturkrise kann diese Visionen sehr schnell zu Makulatur werden lassen. Aber selbst wenn diese kommerziellen Blütenträume reifen sollten, bleiben gewaltige Probleme unbeachtet, deren Konturen allesamt schon jetzt, knapp zehn Jahre nach Einführung des dualen Systems, erkennbar sind:

1. Das technische Potential wächst ungleich schneller als die kreative Gestaltungskraft der Programmacher. Die schon heute sichtbare einfältige Vielfalt des Gleichen wird weiter wuchern. Wenn der Bedarf an neuen Spielfilmen nicht befriedigt werden kann, treten eigenproduzierte Serien und Shows an ihre Stelle. Diese Tendenz ist sowohl bei den großen Privatsendern RTL plus und SAT 1 wie auch bei ARD und ZDF erkennbar. Oder man sucht sich immer neue Kanäle, in denen man die vorhandene Spielfilmware immer wieder neu umschlagen kann, um sie immer wieder neu als Lokomotive für die Werbung zu benutzen. Sind diese Kanäle dann in beherrschender Hand und reicht die Verfügungsgewalt dann auch noch hinein in einen mächtigen Pressekonzern, so entsteht eine multimediale Machtballung Hugenberg'scher Größe und Gefährlichkeit. Das erleben wir in

[6]) Zenith Media Worldwide: Television to the year 2003; hier aus: Bernd Pulch, a.a.O.

Deutschland, wo die Bildzeitung schon heute „Springers Kampfblatt für SAT 1“[7]) geworden ist. In Frankreich und Italien gibt es ähnliche publizistische Konzentrationen, und die multimedialen Konzerne sind bereits dabei, sich zu multinationalen Konzernen der Werbe- und Vergnügungsindustrie zu mausern.

2. Werbung will möglichst große Publikumssegmente erreichen. Um diese Publika auf sich zu vereinigen, müssen konkurrierende Programme mit immer härteren Waffen um dieses Publikum kämpfen. Zunehmende Trivalisierung, Brutalisierung und Sexualisierung der konkurrierenden Angebote sind die Folgen. Auch dies ist bereits in den Ländern Europas erkennbar. Minderheiten sind nur dann und insofern interessant, als es sich um konsumfähige und konsumbereite Zielgruppen handelt. Der Wert des Rezipienten im Massenkommunikationsprozeß reduziert sich auf seine Konsumkraft. Der für demokratische Gesellschaften unverzichtbare, oft beschworene mündige Bürger wird auf die Funktion des Konsumenten reduziert.

3. Nun ist allerdings nicht auszuschließen, daß das Angebot an Werbeflächen größer wird als die Nachfrage der Werbung. Ein inflationärer Verfall der Werbepreise wäre die Folge, der enorme Konsequenzen hätte. Auch diese Entwicklung deutet sich schon an. Wegen der bedrängenden Konkurrenz durch Private mußte die ARD ihre Werbepreise zwischen 1990 und 1993 um 50% zurücknehmen, um ihre Fernsehwerbeflächen ausbuchen zu können. Beim öffentlich-rechtlichen Rundfunk wird folgerichtig nach der Erweiterung des Werbeumfangs und nach Lockerung der betonierten 20.00-Uhr-Grenze gerufen. „Bereits vor zwei Jahren hatte die ARD das Thema zur Sprache gebracht und damit die lautstarken Proteste der Privaten auf den Plan gerufen, die sich in ihrer Existenz bedroht fühlten. Um eine politische Entscheidungsgrundlage zu schaffen, wurde schließlich das Baseler Prognos-Institut damit beauftragt, für ARD-Werbung, RTL plus und die Bayerische Landeszentrale für neue

[7]) Dieter Anschlag, Bild-TV – Springers Kampfblatt kämpft für SAT 1; in: Funkkorrespondenz Nr. 41, 08.10.1992.

Medien eine Gemeinschaftsstudie über die voraussichtliche Entwicklung des TV- und Hörfunkwerbemarktes bis zum Jahre 2000 zu erstellen. Nachdem die Wissenschaftler diverse Variablen elektronisch durcheinandergewirbelt und ein paar hundert Tabellen erstellt hatten, kamen sie zu der Überzeugung, daß liberalere Werberegelungen bei den Öffentlich-Rechtlichen die Wettbewerbsfähigkeit der Privaten beeinträchtigen könnten. Dieses Risiko wollten die politischen Entscheidungsträger nicht eingehen und fegten das Thema zum Schutz der Kommerziellen vom Tisch. Heute, erst ein Jahr nach Veröffentlichung des Gutachtens, steht fest, daß Prognos völlig daneben orakelt hat. Bereits 1992 liegen die Werbeeinnahmen der Privaten mit 32% über den Prognos-Vorhersagen, die ARD blieb mit 22% darunter."[8]) Die Folgen für die ARD sind – wie Sie sich denken können, meine Damen und Herren – verheerend. Aber sie reichen darüber hinaus: Was bedeutet dies für die Glaubwürdigkeit der Marktforschung? Für die Glaubwürdigkeit des politischen Handelns, das sich auf solche Ergebnisse stützt?

Ich habe hier drei Problemprojektionen herausgegriffen, sozusagen mit kritischen Einwänden nur die Spitze des sprichwörtlichen Eisbergs berührt. Die darunterliegenden, nach meiner Auffassung von der Sozialforschung bisher nicht hinreichend deutlich gemachten Schichten bergen womöglich noch größere gesamtgesellschaftliche Kollisionsgefahren.

Die sich schon heute andeutenden sozialen, politischen, kommunikationsökologischen und kommunikationspsychologischen Fragen sind für das gesamtgesellschaftliche Gefüge gewiß bedeutend wichtiger als die rein ökonomischen Unwägbarkeiten. Aber wir scheinen nicht zu sehen, daß wir einer mentalen, kommunikativen Umweltverschmutzung entgegenfallen, deren Folgen, wenn möglich, tiefergehend sind als die Verschmutzung unseres biologisch-physikalisch-chemischen Ökosystems.

[8]) Monika Schiffer, Schlag Acht; in: DAS ERSTE, 11/92, S. 56.

Auch dies ist ein schwerwiegender Verdacht. Ich möchte ihn in einigen Schritten zu begründen suchen. Wir stehen ja nicht nur in einer geradezu eruptiven Veränderung unserer Kommunikationsstrukturen, sondern auch unseres Kommunikationsverhaltens.

Bei weiter wachsendem Programmangebot werden die Zuschaueranteile für das einzelne Programm immer kleiner werden müssen, weil weder die Zahl der Rezipienten noch deren Zeitbudget für den Fernsehkonsum wachsen werden. Das bedeutet zum einen, daß immer größere Programmanteile sozusagen ungesehen ausgestrahlt werden. Das bedeutet zum anderen, daß sich das Angebot, die Akzeptanz und das Werbeaufkommen atomisieren werden.

Wenn der Zuschauer mit der Fernbedienung zwischen Dutzenden oder gar Hunderten von Kanälen wählen kann, wird die gesellschaftliche Kommunikation entschieden reduziert. Es entstehen Nutzungsghettos. Der öffentliche Dialog, Ursubstanz demokratischer Meinungs- und Willensbildung, das Interesse an der res publica wird abnehmen. Auch hierfür sind Anzeichen erkennbar. Ich habe davon gesprochen. Die Behauptung, eine ebenfalls zu erwartende große Zahl von Spartenkanälen werde einen wünschenswerten Außenpluralismus garantieren, ist schlicht falsch. Im Gegenteil: Gerade sie werden in Nutzungsghettos der kommunikativen Selbstbefriedigung führen. Sie fördern den Realitätsverlust, weil der an den Spartenkanal gebundene Zuschauer oder Hörer nur noch jene Wirklichkeitssektoren wahrnimmt, in denen er sich wohlfühlt. Denkanstöße, intellektuelle Provokationen, Erregungen bleiben aus. Der Sportfreak kann sich 24 Stunden täglich seinen Sport „reinziehen", der Spielfilmfreund könnte sich einen Streifen nach dem anderen ins Haus holen, der E-Musik-Liebhaber kann sich rund um die Uhr von seinem Beethoven besudeln lassen. Neill Postman's Hypothese, wir amüsierten uns zu Tode, ist nicht von der Hand zu weisen.

Die Programme der Zukunft werden von Satelliten kommen. Ich habe die Dimensionen der Entwicklung beschrieben. Darin liegt neben allem anderen auch die Gefahr, daß die Abbildung der Nahwelt erlischt. Alle Satellitenprogramme haben großräumige, mindestens nationale, meist aber kontinentale Ausleuchtzonen. Es wäre technischer und ökonomischer Unsinn, Regional- oder Lokalprogramme vom Satelliten zu senden. Sie werden auch in Zukunft über terrestrische Netze anzubieten sein. Das wird jedoch dann sinnlos, wenn die Zuschauer – was augenblicklich schon millionenfach bei uns geschieht – auf Satellitenempfangsanlagen umsteigen. Sie lassen ihre alte Dachantenne verrosten. Sie werden sich zunehmend von der Versorgung über Breitband-Kabelanschlüsse verabschieden, weil diese schon heute teurer und weniger leistungsfähig sind als die Schüsseln auf dem Dach. Will man alle diese heute schon erkennbaren Tendenzen zu einer Karikatur verdichten, so entsteht die Schrekkensvision eines Zuschauers, der nicht mehr weiß, was in seinem Land, seiner Region, seiner Nachbarschaft geschieht. Aber er wird die Hinrichtung auf dem elektrischen Stuhl irgendwo in den USA, den Bürgerkrieg in einem entfernten Winkel der Welt und per reality-TV den Mord und die Vergewaltigung im Wohnzimmer live miterleben können. Leider ist dieses Horrorbild kein Gespenst aus einer entfernten Zukunft, von der man noch hoffen könnte, daß sie sich nicht ergibt. Vielmehr ist alles dies schon heute mit Zahlen, Fakten und konkreten Sendungen der unterschiedlichen Kanäle zu belegen.

Es wäre zutiefst unredlich, wollte ich etwa Markt- und Sozialforschung für derlei Entwicklungen verantwortlich machen. Sie ergeben sich vielmehr aus einer höchst verzwickten Kombination von technologischen Entwicklungen, wirtschaftlichen Verflechtungen, „Valium-Befindlichkeit" moderner Wohlstandsgesellschaften, fehlenden sozialen Entwürfen und Utopien und dem Versagen nationaler, europäischer und weltweiter Orndungspolitiken. Davon soll in den nächsten Minuten die Rede sein.

Schon vor anderthalb Jahrzehnten, 1976, sah man weltweit die Notwendigkeit einer „Weltinformationsordnung". Die UNESCO, die Sonderorganisation der Vereinten Nationen zur Förderung von Wissenschaft, Erziehung, Kultur und internationaler Zusammenarbeit, sah diese Notwendigkeit allerdings in noch anderem Zusammenhang. Damals attackierten die politisch erstarkten Drittweltländer die internationalen Nachrichten- und Informationsmonopole der westlichen Industriestaaten als unerwünschte „kulturelle Invasion"[9]). Damals ging es um das massive Ungleichgewicht zwischen Erster und Dritter Welt. Aber es war schon von „kultureller Entfremdung" die Rede, und es wurde eine weltweite „Demokratisierung des Kommunikationsprozesses" verlangt, um dem Medienimperialismus des Nordens zu begegnen. 1980 erschien der sogenannte Mac-Bride-Bericht, der auf 300 Seiten die „Weltprobleme der Kommunikation" auflistete. Heute ruht er in den Archiven. Als die USA Mitte der 80er Jahre aus der UNESCO austraten, war das Bemühen um eine Weltkommunikationsordnung zum Scheitern verurteilt. Das „intellektuelle Planungsbüro", das „Gewissen der Welt" (Robert Dill, ARD-Koordinator für Auslandsfragen und langjähriges Mitglied der UNESCO) war am Ende. Mit ihm auch der Versuch, eine globale Kommunikationsordnung zu begründen. Eine unerhörte Chance der Völkergemeinschaft war damit vertan.

In Europa bemühen sich die EG, das Europaparlament und Nationalstaaten um eine europäische Rundfunkordnung. Es gibt

- die EG-Fernsehrichtlinie
- die EG-MAC-Richtlinie
- Richtlinien zu Satellitenrundfunk und Kabelweiterverbreitung
- das EG-Kartellrecht
- Förderprogramme im Medienbereich (EUREKA, Media-Programm, Euremage)
- das EG-Steuerrecht.

Die Bürokratie der EG-Kommission versucht, die Medien durch eine Vielfalt von Richtlinien einzufangen, indem sie entweder ihre Zuständigkeit aus der Kompetenz zur Harmo-

[9]) Doris Metz, Die unbequeme Botschaft des Mr. MacBride – die Geschichte der Weltinformationsordnung der UNESCO und was aus ihr geworden ist; in: Süddeutsche Zeitung 21.10.1992.

nisierung der Dienstleistungen oder aber aus der Kompetenz für Telekommunikation ableitet.

In all diesen Bemühungen wird deutlich, daß die EG den Rundfunk als Wirtschaftsguru betrachtet. Hier drohen Kollisionen zwischen deutschem Verfassungsrecht und EG-Bemühungen. Die EG betrachtet den Rundfunk als Industrie- und Wirtschaftsfaktor. Sie reduziert die Bürger der Gemeinschaft zu Zielobjekten von Produktions- und Konsumstrategien. Sie läßt außer acht, daß Europa, wenn es denn wirklich werden soll, seinen Charakter aus der Fülle kultureller und regionaler Physiognomien beziehen muß und auf Dauer kein Europa der Krämer sein kann. Der „free flow of information" darf kein „free flow of commercials" werden.

Gegen diese rein technologisch-kommerzielle Betrachtung des Rundfunks erhebt sich Protest. Im April dieses Jahres beschäftigte sich in Helsinki ein Expertenseminar mit dem Thema „KSZE und Information: Massenmedien in den 90er Jahren", das von der Internationalen Gesellschaft für Massenkommunikationsforschung (IAMCR) und der Universität Tampere (Finnland) parallel zum 4. KSZE-Nachfolgetreffen veranstaltet wurde. Der Präsident dieser Organisation, Cees Hamelink, warnte vor einer Entwicklung, in der der Rundfunkrezipient entweder als Objekt staatlicher Regulierung oder als Ware für die Werbewirtschaft gesehen wird. Zwischen wachsender Kommerzialisierung und wachsendem Staatseinfluß kämen die Informationsinteressen der Bürger zunehmend zu kurz. Eine „civil society" benötige Medien, in denen Bürger ihr Recht auf Kommunikation, frei von staatlicher und kommerzieller Bevor-mundung, aktiv ausüben könnten[10]).

Davon sind wir mehr als je entfernt. Und insofern droht am Ausgang des 20. Jahrhunderts eine technologisch bedingte Kommunikationsrevolution den Menschen in jene Unmündigkeit zurückzuführen, aus der ihn die Aufklärung des 18. Jahrhunderts zu befreien suchte.

[10]) KSZE und Information – auf dem Weg zu einer neuen europäischen Rundfunkordnung? aus: Funkkorrespondenz Nr. 19/7. Mai 1992.

Wir spüren die Folgen dieses Umbruchs: Das Fernsehen als wichtigstes Segment der Massenkommunikationsindustrie teilt das Schicksal anderer ehemals bedeutsamer gesellschaftlicher Großinstitutionen wie Parteien, Regierungen, Kirchen oder Gewerkschaften. Es regt niemanden mehr ernsthaft auf und hat damit eine sozial-kreative Anregungsfunktion weithin verloren. Der nachweisbare Kompetenz- und Autoritätsverfall öffentlicher Institutionen mag vielleicht auch durch das Fernsehen bewirkt sein, gewiß aber ist es zugleich auch sein Opfer.

In der Folge – ich wiederhole mich – entsteht eine Ghettoisierung der Gesellschaft in Leistungsfähige und -unfähige, in Konsumfähige und Konsumunfähige, in ökonomisch Kalkulierbare und ökonomisch Uninteressante. Über allen etabliert sich eine Kaste von Funktionsträgern aus Politik, Wirtschaft, Medien und Verbänden, die den politischen Prozeß weitgehend unter sich selbst bestimmt. Breite konsumfähige Schichten bilden eine unpolitische, hedonistische Freizeitgesellschaft. Wachsende Bevölkerungsanteile geraten ins Abseits der sozialen und kommunikativen Sprachlosigkeit. Hier werden jene Potentiale der öffentlichen Empörung entstehen, die noch immer zu gesellschaftlichen Veränderungen geführt haben. Erste Anzeichen dafür sind erkennbar.

Ich komme zum Schluß. Ich habe Ihnen mit diesen Ausführungen gewiß über weite Strecken keine Freude bereitet. Ich sehe andererseits aber auch keinen Grund, mich dafür zu entschuldigen: Sie haben die Einladung an mich gewiß nicht mit der Hoffnung verbunden, nur Schmeicheleien zu hören. Und wenn es für Sie tröstlich ist – ich konstatiere nicht gern, was ich habe konstatieren müssen. Selbstverständlich steht es mir nicht zu, am Ende dieses Referats Gebrauchsanweisungen oder Rezepte zu formulieren. Aber vielleicht darf ich Wünsche an Sie richten? Ich wünschte mir mehr qualitative Sozialforschung. Ich wünschte mir, daß die Erforscher des Demos der Öffentlichkeit energischer als bisher sagten, wo sie sich an ihm vergeht. Ich träume davon, daß Sozialforschung sich stärker dem Zoon politikon, dem gesellschaftlichen Einzelwesen zuwenden würde. Vielleicht könnte es dann gelingen, doch noch Dämme zu bauen gegen die zunehmend unerträgliche Seichtigkeit des Seins.

Sie spüren: Die letzten Sätze sind mit zagendem Konjunktiv gesprochen. Mit energischem Indikativ bedanke ich mich für Ihre liebenswürdige Aufmerksamkeit.

Volker Trommsdorff

Vernetzte Informationen für komplexe Entscheidungen – Neue Anforderungen an die Marktforschung –

Marktforschung ist wissenschaftlich bestens fundiert und praktisch professionell akzeptiert, allerdings im Rahmen eines eng abgesteckten Aufgabenfeldes. Zwischen Informationsanforderungen des Management – insbesondere für marketingstrategische Entscheidungen – und ihrer Stützung auf Aussagen von Marktforschern bestehen große Diskrepanzen. In dieser Situation sollte sich die Marktforschung Aufgaben und Methoden zuwenden, die sie bisher als weich und kompliziert abgelehnt, die sie Stäben und Unternehmensberatern überlassen hat; Methoden, die wissenschaftlich zunehmend fundiert sind und die von Entscheidern akzeptiert werden. Hinwendung zur strategischen Marktforschung bietet immer noch Chancen, auch zur Veränderung des Marktforscher-Berufsbildes – zum unternehmerischen Informationsmanager.

Strategische Marktforschung – Bedarf, Anforderungen, Potentiale

Die deutsche Autoindustrie hat ihre Marktchancen in den 70er Jahren bei Pick-up-Autos, in den 80ern bei Off-Road-Autos verpaßt. Verpaßt sie gerade die Chancen der Integration des Autos in ein übergeordnetes Verkehrssystem?

Fast täglich werden Produktinnovationen in den Sand gesetzt, oft trotz intensiver Nutzung professioneller Marktforschung.

Berlin hat es (noch) nicht geschafft, den wahren Entscheidern über Olympia 2000, nämlich der eigenen Bevölkerung, die notwendige Entscheidungsgrundlage zu liefern: Wie wahrscheinlich und wie hoch ist der Nettonutzen der Spiele für die Stadt? Eine Fehlentscheidung gigantischen Ausmaßes droht, wenn wir die komplexen Potentiale nicht besser nachvollziehbar abschätzen und kommunizieren.

Die Präsidentin der Treuhandgesellschaft hat den Entscheidern über Ostprodukte eine neue Erfolgsstrategie verkündet: Niedrigpreise. Es war wohl nicht strategische Marktforschung, was sie zu dieser Parole veranlaßte. Marketing für Ostprodukte ist wesentlich komplizierter. Hau-Ruck-Methoden führen in die Pleite, nicht in die Marktwirtschaft.

Echte strategische Entscheidungen benötigen Informationsgrundlagen über komplexe Stärken und Schwächen, Chancen und Risiken. Aber was bietet Marktforschung wirklich an Entscheidungshilfen? Wir haben uns an das Leistungsspektrum der Marktforschung gewöhnt. Es ist selbstverständlich geworden, den Marktanteil und den Distributionsgrad zu messen, Kontaktzahlen einer Zielgruppe mit einem Medium zu ermitteln, die Überlegenheit von Kampagne A gegenüber Kampagne B nachzuweisen, die Preisbereitschaft für eine Öko-Variante festzustellen usw.

Das ist Standard-Marktforschung, die schon viel Segen gebracht, aber auch Widersprüchliches erzeugt hat: Vordringen von Premium-Werten und von Billigprodukten, wachsende Umweltorientierung und stagnierendes Umweltverhalten, unterschiedliche Akzeptanz der Bildschirmtext-Technik in Deutschland und Frankreich usw. Solche Widersprüche bedeuten ungenügende Erfassung von Komplexität auf notwendige Differenzierungen und Aussagenvernetzungen, denen Standardmarktforschung nicht gewachsen zu sein scheint.

Marktforschung muß mehr leisten als Standardverfahren anwenden. Komplexe strategische Entscheidungen erfordern mehr als Standardinstrumente. Marktforschung muß in der Lage sein, viele vernetzte Faktoren und deren komplexe Auswirkungen in ihre Beschreibungen, Erklärungen, Prognosen und Handlungsvorschläge einzubeziehen. Komplexe Wirkungen erfordern vernetzte Informations- und Entscheidungsgrundlagen.

Dörner führt in seinem Buch „Die Logik des Mißlingens" mit wissenschaftlicher Präzision vor Augen, wie unfähig wir allgemein sind, rationale Entscheidungen zu treffen, die *ein wenig* komplexer sind als Entscheidungen über einfache Mediapläne oder Preisalternativen. Es geht in seinen Experimenten darum, Tanaland, einen afrikanischen Staat, oder Lohausen, eine deutsche Kleinstadt, zu regieren, d.h. eine Handvoll Ziele, wie Gesundheit, Versorgung, Bildung, zu verfolgen und dazu über eine Handvoll möglicher Maßnahmen zu entscheiden. Das erschütternde Ergebnis dieser Experimente ist die Logik des Mißlingens:

Wir rotten Ernte-verzehrende Nager aus und schaffen dadurch eine Insektenplage, wodurch sich Krankheiten ausbreiten. Wir senken die Sterblichkeit durch ein Impfprogramm und programmieren Überbevölkerung und Hunger. Andere Beispiele liefert das Leben: Wir wollen weniger Energieverbrauch bei Autos, senken den Luftwiderstand durch Optimierung der Form im Windkanal. Das führt zu schrägeren, größeren Front- und Heckscheiben mit mehr Sonneneinstrahlung. Ihr kommt man mit Klimaanlagen bei, aber die brauchen viel Energie. Am Schluß hat man mit (trotz? wegen?) Forschung und Kreativität mehr Energieverbrauch als am Anfang.

Wir können anscheinend vernetzte Ziel-Mittel-Beziehungen nicht im Auge behalten und die Nebenwirkungen und Fernwirkungen mitdenken. Wir laborieren an einem Problem herum und rufen dadurch Probleme ganz anderer Art und Tragweite hervor. Warum sind wir nicht in der Lage, komplexe Entscheidungen zu treffen, warum können wir nur in linearen, bivariaten Beziehungen denken, nicht in kausalen Netzwerken? *Dörner* sagt, wegen der vielen kleinen Entscheidungsfehler, die sich zum Desaster kumulieren.

Ich gehe einen Schritt weiter: Wir können nicht in Netzwerken denken, weil wir kein Bild von den Netzwerken haben. Niemand liefert den Entscheidern diese Bilder. Das ist eine herausfordernde Aufgabe für die Marktforschung. Sie ist mit einem stark veränderten Selbstverständnis der Marktforscher verbunden.

Für grundlegende, nicht nur linear und unmittelbar, sondern auch fern- und nebenwirkende, historisch, kulturell, technologiestrategisch, ethisch bedingte Entscheidungen reichen liebgewordene Zahlen nicht nur nicht aus, die führen in die Irre, in den Flop, in den Konkurs. Management-Entscheidungen sind heute horizontal, vertikal und lateral komplexer vernetzt als vor Jahrzehnten, als Marktforschung langsam ernstgenommen wurde, als sich ihre Instrumente Umfrageforschung, Psychometrie, Statistik, EDV usw. allmählich zum selbstverständlichen Qualifikationsprofil des Marketing-Management entwickelten.

Marktforschung ist heute geprägt durch solide Analysen für operative Entscheidungen auf der Basis von repräsentativen oder fokussierten, quantitativen oder qualitativen, entdeckenden oder prüfenden Untersuchungsdesigns. Die Fragen an die Marktforschung sind einfacher Art: Wie groß ist der Markt, die Wiederholkaufrate, der Bekanntheitsgrad usw., zu welchem Preis soll das neue Produkt eingeführt werden, soll die neue Werbekampagne angenommen oder abgelehnt werden, soll die Differenzierung vom Wettbewerb über das Merkmal Sicherheit oder das der Wirtschaftlichkeit verbessert werden etc.?

Wechselwirkungen, Rückwirkungen, Fernwirkungen, Nebenwirkungen zwischen Preisen, Marktanteilen, Kampagnen, Images, Qualitätsvorstellungen und Images, Wettbewerbsreaktionen, Akzeptanz beim Handel und bei Verbraucherverbänden usw. bleiben implizit oder ganz unbeachtet. Die Stützung unternehmerisch-strategischer Grundsatzentscheidungen, die Abschätzung ökonomischer, ökologischer, sozialer, technologischer Neben- und Fernwirkungen solcher Entscheidungen werden der Marktforschung nicht zugetraut, sie traut sich das selbst nicht zu.

Entsprechend schwer tut sich die Marktforschung bei der Unterstützung komplex-strategischer Entscheidungen wie etwa bei der Festlegung von Standortkonzepten, der Abschätzung der Akzeptanz echter Produktinnovationen, der Entdeckung neuer Märkte. Liegt es an der (vielleicht gar selbstverschuldeten?) Identität der Marktforschung, daß sie hauptsächlich die kleinen und die längst getroffenen Entscheidungen stützen darf?

Das Selbstverständnis der Marktforschung hat sich unter dem Einfluß der traditionellen Disziplinen Betriebswirtschaftslehre, Psychologie, Soziologie und Statistik in den letzten Dekaden wenig verändert. Auch die Informatik hat – substantiell – nicht viel bewegt. Marktforschungslehrbücher bestehen aus (durchaus wissenschaftlich begründeten) Regeln für Untersuchungsplanung, Fragebogengestaltung, Standardstatistiken, Multivariatenanalysen und Darstellungsmethoden, neuerdings auch aus Bedienungsanleitungen für die Mafo-Software. Was wir heute mehr bzw. besser, eher, schneller können, beruht auf graduellen Verbesserungen: Mehr Daten schneller, automatischer, erheben, speichern, selektieren, fusionieren, aufbereiten, analysieren und präsentieren.

Alle diese Fortschritte seien unbenommen, aber es geht hier nicht um graduelle Verbesserungen. Es geht um die qualitative Erweiterung der brav dienenden operativen Marktforschung um offensiv unternehmerisch-strategische Komponenten der Marktforschung. Das setzt das gesamte moderne Instrumentarium voraus, verlangt aber darüber hinaus eine Neubestimmung der Identität von Marktforschung.

Insgesamt vermittelt die Methodik ein einseitiges Bild von den Aufgaben und Möglichkeiten der Marktforschung. Die Lehrbuchmarktforschung ist nicht repräsentativ für die Menge der Fragen, die das Marketingmanagement heute stellen muß, und sie wird der gewachsenen Komplexität unternehmerischer Entscheidungen nicht mehr gerecht. Marktforschung kann potentiell mehr als Marktanteile aufschreiben, Imagedaten in Positionierungsbilder verwandeln, Käuferreaktionen testen und Wettbewerber beschreiben. Sie hat das Zeug, komplexe strategische Marketingentscheidungen im Umfeld von Wettbewerb, Marktsegmenten und Umwelt zu unterstützen. Sie kann helfen, die Logik des Mißlingens durch ein neues Leistungsspektrum zu durchbrechen.

Vernetztes Denken in der Marktforschung ist technisch heute möglich. Wir verfügen über neue, informationstechnisch brillante, sozialpsychologisch intelligente Instrumente wie statistische Kausalanalysen, elektronisch gestützte feldexperimentelle Panels, experimentelle Marktsimulations- und kybernetische Sensitivitätsmodelle, computergestützte Kreativitätstechniken, Früherkennungssysteme und Szenarioanalysen.

Diese neuen Ressourcen der Marktforschung können zum Sprung in die Komplexität echter strategischer Entscheidungen verhelfen, Entscheidungen z. B. über wettbewerbsvernetzte Imagebeziehungen zwischen Marken oder die vernetzten Determinanten des Markenwerts, zwei Projekte, mit denen sich der Marketinglehrstuhl der TU Berlin zur Zeit befaßt. Viele weitere Themen können mit demselben Marktforschungsparadigma bearbeitet werden: Technologie- und Marktpotentiale, das Management strategischer Allianzen, gesellschaftliche und ökologische Akzeptanz neuer Produkte und Prozesse usw. Zusammenhänge zwischen strategischen Maßnahmen und ihren mittel- und langfristigen Auswirkungen müssen überhaupt nicht länger aus der Marktforschung ausgeklammert bleiben.

Beispiel WISA – Wettbewerbs-Image-Struktur-Analyse

Zur Erhellung dieser recht allgemeinen Aussagen soll ein etwas spezielleres, aber durchaus noch ganz einfaches Beispiel gegeben werden: Marktforschung für komplexe imageorientierte Wettbewerbsstrategien eines Markenartikels.

Die meisten Märkte sind gesättigt. Die Produkte sind technisch homogen und qualitativ hochwertig. Unter diesen Bedingungen ist Markenprofilierung nichts anderes als Imagepolitik. Informationsgrundlage für strategische Marketingentscheidungen sind die Erfolgsfaktoren, die für Erfolg und Mißerfolg verantwortlichen Merkmale einer Marke.

Unumstritten hat die strategische Erfolgsfaktorenforschung festgestellt: Die von den Kunden wahrgenommene Produktqualität, das Produktimage, ist der wichtigste Erfolgsfaktor. Images steuern das Kundenverhalten, Images sind die Realität. Die Qualitätsvorstellungen der Ingenieure sind nur in *deren* Köpfen Realität, und „Total Quality Management" ist nichts anderes als endlich konsequente Marktorientierung in der Technik.

Wettbewerbsstrategien sind also Imagestrategien. Deshalb ist Marktforschung zur Entwicklung der Wettbewerbsstrategie letztlich Imageforschung. Nun braucht man zur Festlegung der Imagestrategie Antworten auf die Fragen nach Ursachen (über welche Faktoren ist das Image zu beeinflussen?) und Wirkungen (wie wirkt das Image auf Einstellungen, Kaufverhalten, Umsätze, Marktanteile? Wie wirkt es auf dieselben Größen bei den Wettbewerbern?) Das sind komplexe Fragen, auf die traditionelle Marktforschung zu wenig verläßliche Antworten hat, denn sie überfordern das klassische Instrumentarium.

Grundsätzlich reicht es nicht, das Image des eigenen Angebots bei den Zielgruppen zu kennen, denn als fundamentale Erfolgseinflüsse kommen die Imagestrategien der Wettbewerber hinzu. Und diese stehen nicht isoliert daneben, sondern sie hängen, in den Köpfen der Zielgruppen, wechselseitig voneinander ab. Das Image der Zielgruppen von unserem Angebot muß relativiert werden an den Images von den Wettbewerbern.

Wettbewerbsstrategische Marktforschung hat die Aufgabe, ein Bild von den realen Wettbewerbsverflechtungen zwischen konkurrierenden Angeboten zu zeichnen. Im „Strategischen Dreieck" (Wir – Kunden – Wettbewerber) müssen alle Imagebeziehungen beachtet werden. Marketingorientierung ist offenbar mehr als Kundenorientierung, Wettbewerbsorientierung war bisher das Stiefkind der Imageforschung. Nur scheinbar gab es so etwas wie die Abbildung von Wettbewerb durch gemeinsame Positionierung der konkurrierenden Marken in einem Imageraum.

Unsere Beziehung zum Kunden spiegelt sich im eigenen

Image wieder, die Beziehung zwischen Wettbewerbern und Kunden zeigt sich im Wettbewerber-Image. Die strategische Beziehung zwischen uns und den Wettbewerbern ist primär eine Imagebeziehung. Sie verlangt, daß man bei der Imagemarktforschung und bei der strategischen Positionierung die verflochtenen Einflüsse zwischen Wettbewerber-Images ausdrücklich und sensibel berücksichtigt.

Der übliche Ablauf der strategischen Marketingplanung vernachlässigt diese Image-Aspekte, nicht zuletzt, weil sie von der Marktforschung nicht artikuliert wurden. Den vernachlässigten Image-Wettbewerb konsequent zu beachten, bedeutet Abbildung von Komplexität, in Form kausal vernetzter Einfluß-Informationen. Wie kann man sich das praktisch vorstellen?

Zunächst muß festgestellt werden, welche Imagemerkmale relevant sind, wie die tatsächliche Image-Wettbewerbsposition aussieht, welche Bedeutung der Imagewettbewerb in welchen Dimensionen hat und welche Beziehungen zwischen objektiven Eigenschaften und subjektiven Imagedimensionen bestehen. All das muß man für die Gegenwart in Erfahrung bringen und für die Zukunft abschätzen. Dann werden Imageziele aus der Ist-Situation, den Veränderungstendenzen und den strategischen Leitlinien abgeleitet und präzisiert. Dazu gehören Präzisierungen der Imagestrategie nach Marktsegmenten und nach der Sollposition.

Wenn man sich dabei auf herkömmliche Modellvorstellungen von einem für alle Wettbewerber gemeinsamen Imageraum stützt, kann man allerdings wettbewerbsstrategisch schlecht beraten sein. Strategischer Imagewettbewerb ist komplex, herkömmliche Modelle sind anschaulich, aber sehr abstrakt, von der Realität entfernt. Daß diese Modelle trotzdem so populär sind, kommt durch ihre Bildhaftigkeit und durch die plausible Annahme, daß Distanzen Wettbewerbsintensitäten entsprechen. Außerdem begünstigt die Verbreitung des statistischen Instrumentariums (exploratorische Faktorenanalyse) die Akzeptanz der Methodik. Das Ergebnis ist genau und anschaulich, aber falsch.

Die klassische Positionierungstechnik hat grundsätzliche

Schwächen, gemessen am heutigen Wissen über Images und Konsumentenverhalten. Die Vorstellung vom allen Marken gemeinsamen, einheitlichen Imagemerkmalsraum verträgt sich nicht mit der low-involvement-Realität des Konsumentenverhaltens. Daß alle Wettbewerbsmarken nach denselben Kriterien beurteilt werden, entspricht nur der Theorie, nicht der Praxis des Marketing.

Tatsächlich sind die Wettbewerber-Images oft auf ganz unterschiedlichen Dimensionen profiliert. Der eine versucht eine technische Innovation, der andere profiliert seine Marke mit Erotik, der dritte stellt den Preis heraus usw. Von einem gemeinsamen Imageraum im Wettbewerb kann nicht die Rede sein.

Bei technologisch homogenen Produkten wie Kaffee, Benzin, Zigaretten, aber auch bei Autos, PCs, Kühlschränken, werden Alleinstellungen auf *eigenen* Imagedimensionen angestrebt, weil der Konsument nicht zu dezidierter Informationsaufnahme bereit ist. „Positioning“ (*Ries & Trout* 1986) an Stelle einer differenzierten Imagepositionierung entspricht den Begriffen „Unique-Selling-Proposition“ (USP) und „Komparativer Konkurrenz-Vorteil“ (KKV). Kein Wettbewerber kann sich Qualitätsdefizite leisten, daher sind alle Basis-Imagemerkmale identisch. Positioning verlangt, daß man darüber hinaus zur Wettbewerbsprofilierung mit einer alleinstellenden, einfachen Aussage, möglichst als erster, am Markt auftritt.

Der starke Wettbewerb homogener Marken wird unterlaufen, indem die Marken psychisch vom Wettbewerb weg in eigenständige Dimensionen hinein bewegt werden. Herkömmliche Positionierungsmodelle können Positioning, USPs, KKVs nicht abbilden, weil die betreffende Imagedimension für keine andere oder nur für einige wenige andere Marken relevant ist und daher nicht im gemeinsamen Imageraum abgebildet werden kann. Die Wettbewerbsbeziehungen lassen sich jetzt nicht mehr durch einfache Distanzen im euklidischen Raum veranschaulichen. Man braucht ein anderes Bild zur strategischen Analyse der vernetzten Wettbewerbsverhältnisse zwischen solchen Marken.

Das Konzept der Wettbewerbs-Image-Struktur-Analyse (WISA) schließt Lücken zwischen Imageforschung und strategischer Marktforschung. Nach der qualitativen Phase der Imageforschung und der quantitativen Phase der 70er und 80er Jahre ist WISA die Imageforschung der dritten Generation. Die Positionierungsmodelle aus der zweiten Generation sind nur der Ausgangspunkt. WISA versucht, die praktischen Anforderungen vernetzter Information für komplexe Entscheidungen zu erfüllen. Das sind, vereinfacht gesagt, folgende Anforderungen:

1. *Objektive Subjektivität:* Die Feststellung von Wettbewerbsqualität und Wettbewerbsintensität sollte nicht an liebgewordenen Modellvorstellungen, sondern an den Realitäten des Käuferverhaltens orientiert sein. Herkömmliche Imageanalysen stehen mit realem Wettbewerb im Konflikt, dem Imagewettbewerb in den Köpfen der Zielpersonen.

2. *Zukunftsorientierung:* Herkömmliche Imageanalysen beschreiben Ergebnisse, nicht Potentiale des Imagewettbewerbs. Wie Einstellungen von heute das Verhalten von morgen prägen, so prägen Imagepositionen von heute Marktanteile von morgen, und diese prägen den Erfolg von übermorgen. Strategische Imagepositionen sollten Zukunftspotentialorientiert und nicht auf gestern und heute bezogen abgebildet werden.

3. *Positioning:* Image-Wettbewerbspotentiale werden nicht auf allen Imagedimensionen zugleich aufgebaut, sondern auf einer oder auf wenigen Dimensionen, die im Rahmen der Strategie dazu bestimmt wurden. Im Extremfall muß eine WISA die eindimensionale Markenprofilierung auf einer eigenen, einzigartigen Dimension abbilden.

4. *Wettbewerbsorientierung:* Auch traditionelle Positionierungsstudien beziehen (auf den ersten Blick) den Wettbewerb mit ein, weil Wettbewerbermarken mitpositioniert werden. Für die strategische Planung muß aber über so globale Wettbewerbsrelationen hinaus im einzelnen bekannt sein, welche Imagebeziehungen zwischen bestimmten Wettbewerbern bestehen und wie sie zur Stärkung der eigenen Wettbewerbsposition verändert werden können.

5. *Differenzierung:* Klassische Positionierungsmodelle unterstellen, daß eine Imagedimension bei allen Marken dieselbe Relevanz hat. Statt dieser unrealistischen Annahme werden bei WISA alle relevanten Wettbewerbseffekte einzeln analysiert und beachtet.

6. *Querwirkungen:* Klassische Imageanalysen unterstellen pauschale Image-Wirkungen zwischen Wettbewerbern, indem Eigenschaften einer Marke nur die eigene Position, aber direkt nicht den Erfolg oder Mißerfolg von Wettbewerber-Marken beeinflussen. Eine WISA bildet dagegen auch die in der Praxis wichtigen Wettbewerbswirkungen von Imagekomponenten einer Marke auf Imagekomponenten, Einstellungen und Kaufabsichten einer anderen Marke ab.

Die Pfade eines WISA-Kausalmodells sind als Effektstärken zu interpretieren: Wie stark wirken bedeutsame eigene und fremde Wettbewerbspositionen auf das strategische Potential jeder Marke? Die Pfade drücken für alle konkurrierenden Marken und für alle wettbewerbsrelevanten Dimensionen wechselseitige Wettbewerbsintensitäten aus.

Die Auswertung einer WISA kann entweder konventionell durch multiple Regressionsanalyse oder – anspruchsvoller – durch linearstrukturelle Kausalanalyse (LISREL u.a. Programme) erfolgen. Dabei werden *simultan* die Kausalstruktur (Einfluß eigener und fremder Image-Konstrukte auf das Wettbewerbspotential) und die Operationalisierung der Image-Konstrukte geschätzt und auf Gültigkeit getestet.

Ergebnis des „Modelltrimmens“ ist ein bestmögliches Einflußmodell. Es erklärt das strategische Erfolgspotential einer Marke aus wenigen wettbewerbsentscheidenden Einflüssen eigener und konkurrierender Imagemerkmale. Das Modell gibt Aufschluß über die eigenen und die von Wettbewerbern kontrollierten Erfolgspotential-Faktoren.

Es regt konkrete wettbewerbsstrategische Maßnahmen an. Z.B. kann der Marktforscher so, ausgehend von der künftigen Positionierung in den Köpfen der Kunden und von den Positionen des Wettbewerbs, z.B. die Features eines neu zu entwickelnden Produktes vorschlagen und damit zum

Schnittstellenmanagement Marketing-F&E beitragen. Das ist ein wertvoller Beitrag zum Thema Innovations-Marktforschung, zu dem ja sonst wenig geboten wird.

Vernetzte Information ist überall gefragt

Das Beispiel zeigt, wie eine alte Methodik der Imageforschung praxisgerecht zum komplexeren Instrument weiterentwickelt werden kann. Durch anschließende Arbeit mit dem Modell im Rahmen von simulativen what-if- bzw. Sensitivitätsanalysen können die vernetzten Konsequenzen einer strategischen Entscheidung abgeschätzt werden.

Viele andere Entscheidungsprobleme stehen in ähnlicher Weise der Bearbeitung durch Kausal- und Sensitivitätsanalyse offen. Denken Sie z. B. an die Komplexität der Einflüsse auf den Wert einer Marke. Was *Domitzlaff* über die Marke schrieb, ist ganz modern, wenn man es einmal als komplexes Netz von Erfolgsfaktoren der Markenführung formuliert. Ein valides komplexes Modell des Markenwertes ist als Hilfe für das Markencontrolling außerordentlich gefragt. Nur die ernüchternden Erfahrungen mit schnell gestrickten Beratermodellen halten die Nachfrage noch in Grenzen.

Oder denken Sie an das moderne Stichwort „Integrierte Kommunikation". Es ist vollkommen berechtigt, angesichts der arbeitsteiligen Zerstückelung unternehmerischer Kommunikationsaufgaben. Mit einer Netzwerktechnik lassen sich all die Hypothesen über die verschiedenen Quellen, Mittel und Wirkungen von Kommunikation darstellen, überschauen, dem schönen Gedanken der Integration näherbringen.

Die Reihe der Beispiele läßt sich leicht fortsetzen: Internationalisierung, Lebensstile, Wertewandel, Zusammenarbeit zwischen Marketing und F&E, Distributionswettbewerb, Preisstrukturen, Auswirkungen des europäischen Binnenmarktes usw.

Die Marktforschung kann dem Verlangen nach vernetzten Informationen für komplexe Entscheidungen durchaus gerecht werden. Graphisch visualisierbare Kausalnetzmodelle können komplexe Strukturen veranschaulichen. Notfalls auch ohne anspruchsvolle LISREL-Analysen können solche Modelle regressionsanalytisch oder sogar lediglich durch Managementschätzungen quantifiziert werden. Auch ohne empirische Quantifizierung ist die Betrachtung unserer impliziten Hypothesen-Kausalnetze eine gute Managementhilfe, weil sie das kreative vernetzte Denken anregt und im Team auch zur Schnittstellenüberbrückung beiträgt.

Ein bekanntes allgemeingültiges Instrumentarium für diese Fälle ist die Szenarioanalyse. Warum gehört sie zum Repertoire der Berater, aber nicht der Marktforscher?

Neuerdings verfügen wir mit Vesters Sensitivitätsmodell über eine computergestützte Operationalisierung seines „vernetzten Denkens". Es handelt sich im Kern um eine moderne Variante der Szenarioanalyse. Seine Kernkomponenten sind eine relationale Datenbank, ein Simulationsmodell und eine nutzerfreundliche Oberfläche.

Das oben über das Problem „Innovationsmarktforschung" Gesagte gilt über diesen engeren Kontext hinaus für alle Entscheidungen, deren Auswirkungen viele differenzierte, gegenseitig abhängige, zeitlich verteilte kurz-, mittel- und langfristige Folgen haben. Das Beispiel WISA als Beitrag zur Innovationsmarktforschung führt zu einer Pauschalfeststellung als Überschrift und dann zu sechs Thesen zur Innovation von und mit Marktforschung.

Die Marktforschung hat ein strategisches Innovationsproblem

1. Ohne Innovation können wir bald einpacken.

- Die Position der Marktforschung im Gefüge der Marketing-Services war noch nie brillant und erscheint mir heute mehr gefährdet denn je.
- Der Methodenfortschritt der Marktforschung in den letzten Jahrzehnten ist beträchtlich, aber nur inkremental.
- Einige dieser Fortschritte machen den herkömmlichen Marktforscher allmählich überflüssig, man denke nur an

computergestützte Telefonumfragen, intelligente Datenbanksysteme, automatische Auswertungsverfahren.

- Es fehlt der innovative Durchbruch, der dem Marktforschungsspezialisten neue Berechtigung verschafft, z. B. zur Unterstützung komplexer strategischer Entscheidungen.

2. Wir haben hervorragende Produkte (Methoden), aber die Kunden sind zu dumm dafür.

- Das ist ein altes Klagelied erfolgloser Innovatoren.
- Dahinter steht der Mißerfolgsfaktor Nr. 1, mangelnde Kundenorientierung.

  Es gibt keine dummen Kunden, nur schlechtes Marketing.

  Der Marktforscher muß selbst für Akzeptanz seiner Innovationen sorgen.

  Dazu gehört zuerst die intelligente Innovationsmarktforschung in eigener Sache.
- Sagen Sie nicht, Kausalmodelle können wir den Entscheidern nicht verkaufen.

  In Wirklichkeit haben Entscheider Sehnsucht nach Kausalanalyse. Gesucht ist die akzeptable Produktgestaltung und Verpackung dieses potentiellen Erfolgsprodukts.

3. Besonders dumme Kunden wollen Produkte, die sich mit unseren Standards nicht vereinbaren lassen.

- Die Kunden wollen Langfristprognosen, wir aber wollen solide bleiben.
- Die Kunden wollen wissen, welche Fern- und Nebenwirkungen ihre Entscheidung hat, wir aber wollen eine Nullhypothese auf dem 5%-Niveau verwerfen.
- Die Kunden wollen Bilder, wir aber liefern Tabellenbände.

4. Manche Innovationen brauchen eher Kooperation als Technologie.

- Die wirkungsvollste Flop-Sicherung ist Produktentwicklung gemeinsam mit dem Kunden. Entwickeln Sie das konkrete Instrument gemeinsam mit den Entscheidern.
- Meist versteht sich der Marktforscher immer noch als passiver Auftragnehmer statt als interaktiver Problemlöser. Daß es auch anders geht, zeigt die Zukunft der Berater.

5. Die Innovationsbremsen sitzen in den eigenen Reihen.
- Natürlich wehren sich gestandene Praktiker gegen das unbequeme Neue.
- Die Ausrede „alles schon probiert, hat nicht funktioniert" funkioniert.
- Information über eine Innovation kommt immer zu früh (das ist alles unausgereift) und zu spät (warum bin ich nicht gefragt worden?).

6. Die stärkste Innovationsbremse ist der Mythos, das Vorurteil.
- Marktforschung kostet viel Geld und bringt Ergebnisse, die wir längst wissen.
- Wenn es um komplexe Sachverhalte geht, entscheidet man besser ohne Marktforschung, aus dem Bauch heraus.
- Ganzheitlichkeit ist eine Sache der Gurus, nicht der Marktforscher.

Die Parallelen zu den Problemen des industriellen Innovationsmanagement sind frappierend. Das Starren auf die Technik - hier: Repräsentativität, Skalenniveaus, Signifikanztests usw. - verstellt den Weitblick. Marktforscher müssen das Handwerk können, aber sie dürfen auch Visionen haben. Eine Neudefinition des Selbstverständnisses ermöglicht auch eine Aufwertung des Marktforschers, vielleicht zum strategischen Marktinformations-Manager.

Aufwertung kommt aber nicht von allein, sie setzt viel voraus: Nicht nur Kompetenz für Scanning, Datenbanken, Analyseverfahren und Expertensysteme, mit denen wir uns nach *Postman* „zu Tode informieren". Wir brauchen auch eine stärker verhaltenswissenschaftliche, interdisziplinäre Ausbildung für mehr Sensibilität, strategisches, komplexes, integriertes, vernetztes Denken.

Die noch jungen Erfahrungen mit kausalanalytisch-komplexer strategischer Marktforschung zeigen allerdings auch, und das soll nicht verschwiegen werden, daß noch viele Fragen an die Methodenforschung zu beantworten sind. Von daher ist nicht nur die Praxis, sondern auch die Wissenschaft gefordert.

Alledem muß aber die Bereitschaft der Entscheider vorausgehen, sich überhaupt informieren zu wollen. Sie müssen nach Chancen und Risiken, nach Stärken und Schwächen, nach Auswirkungen, Nebenwirkungen und Fernwirkungen, nach vernetzten Informationen für komplexe Entscheidungen überhaupt erst einmal fragen. Damit die Entscheider, die Kunden der Marktforscher, die richtigen Fragen stellen, ist Marketing für Marktforschung erforderlich. Auch in dieser Hinsicht verhalten sich Marktforscher wie Ingenieure: Verkaufen sollen es die anderen.

Helfen wir ihnen, helfen wir der Autoindustrie, der Olympia GmbH, der Treuhandanstalt und allen anderen, die richtigen Fragen zu stellen. Und werden wir zu kompetenten Beantwortern!

Literatur

Abell, D. F. (1980), Defining the Business. The Starting Point of Strategic Planning, Englewood Cliffs, N. J. 1980.

Backhaus, K.; *Erichson*, B.; *Plinke*, W.; *Weiber*, R. (1980), Multivariate Analysemethoden, 6. Aufl., Berlin u.a. 1990.

Dörner, D., Die Logik des Mißlingens, München 1990.

Hildebrandt, L. (1983), Kausalmodelle in der Konsumverhaltensforschung, in: Irle, M. (Hrsg.), Handbuch der Psychologie, 12. Bd., 2. Halbbd., Methoden und Anwendungen in der Marktpsychologie, Göttingen, Toronto, Zürich 1983.

Hildebrandt, L.; *Strasser*, H. (1990), PIMS in der Praxis – ein Controllingsystem, Harvard Manager, 12 (1990), 4, 127–132.

Huber, H. (1990), Strategische Marketing- und Imageplanung: Theorie, Methoden und Integration der Wettbewerbsstrukturanalyse aus Imagedaten, Dissertation, TU Berlin 1990.

Kroeber-Riel, W. (1990), Konsumentenverhalten, 4. Aufl., München 1990.

Ohmae, K. (1982), The Mind of the Strategist, New York 1982.

Ries, A.; *Trout*, J. (1986), Positioning: The Battle for Your Mind, New York 1986.

Trommsdorff, V. (1989), Konsumentenverhalten, Stuttgart 1989.

Trommsdorff, V.; *Schuster*, H. (1985), Strategie- und Imageplanung für junge Technologiefirmen, Absatzwirtschaft 28 (1985), 9, S. 116–121.

Trommsdorff, V., Innovationsmarketing, Marketing Zeitschrift für Forschung und Praxis 13 (1991), 178–185.

Trommsdorff, V., Multivariate Imageforschung und strategische Marketingplanung, In: Hermanns, A., Flegel, V., Electronic Marketing, München 1992, 321–338.

Günter Wilhelm

Qualität als Wettbewerbsfaktor

Ich spreche über das Thema Qualität als Wettbewerbsfaktor. Ich spreche nicht über das Thema Qualität, weil ich meine, daß ich persönlich alles darüber wüßte oder in meinem Haus alles darüber bekannt sei. Wir verfolgen das Thema Qualität in unserem Hause unter dem Motto: Wir dürfen nicht aufhören besser zu werden, wenn wir gut bleiben wollen. Ob wir dann allerdings gut genug sind für den Wettbewerb, das entscheidet nur der Kunde.

Die Erfahrung zeigt, daß es zwei einfache Regeln gibt, deren Beachtung einen Unternehmer, aber natürlich auch einen Berater und sicher auch einen Politiker, erfolgreich werden lassen:

1. Er muß die richtigen Dinge tun.
2. Er muß die Dinge richtig tun.

Mit dem zweiten Aspekt muß man sich befassen, wenn man über das Thema Qualität zu sprechen hat. Aber zunächst: Was ist eigentlich Qualität?

Qualität hat viele Dimensionen. Wenn wir das Telefonsystem benutzen, den größten Automaten der Welt, sind wir es gewohnt, jeden Partner auf der Welt, der angeschlossen ist, auch zu erreichen. Wir erwarten den richtigen Teilnehmeranschluß, eine akustisch gute und störungsfreie Verständigung und die korrekte Gebührenabrechnung. Wir sind es gewohnt, mit Apparaten zu telefonieren, die ausgewählte Anschlußnummern speichern können, eine Wahlwiederholung haben und die Möglichkeit bieten, über Lautsprecher und Mikrofon auch Dritte am Gespräch zu beteiligen. Das ist die objektivrationale, also die meß- und rechenbare Dimension der Qualität.

Die hier angesprochenen Eigenschaften von Produkten, Systemen und Anlagen sind vielfach im Regelwerk von Normen festgehalten. Die Norm definiert, was der Kunde von einem Produkt oder einer Leistung erwarten darf.

Qualität hat aber noch andere Seiten. Wenn der kleine Enkel dem Großvater ein selbstgemaltes Bild zum Geburtstag schenkt, so hat auch dieser Vorgang „Qualität". Treffend hat der chinesische Philosoph Laotse dies umschrieben, wenn er sagt:

„Beim Schenken zeigt sich Qualität in der Liebe"

und ergänzend führt er noch weitere Kategorien auf wie

„Beim Denken zeigt sich die Qualität in der Tiefe,
beim Reden zeigt sich die Qualität in der Wahrheit,
beim Wirken zeigt sich die Qualität im Können".

Das ist die subjektiv-emotionale, also die wertende Dimension der Qualität. Im industriellen Bereich beispielsweise wird sie dann angesprochen, wenn es um das Design geht – um Material, Form oder Farbe. Und die Übertragung auf das weite Feld der Dienstleistungen: Sie liegt auf der Hand, ich brauche da nicht mit Beispielen aufzuwarten.

Beide Dimensionen der Qualität, die objektiv-rationale und die subjektiv-emotionale dürfen nicht unabhängig voneinander gesehen werden, beide gemeinsam ergeben das Gesamtbild im Urteil eines Käufers. Und sein Urteil ist das Maß aller Dinge. Er bestimmt letztlich durch seine Bereitschaft, einen bestimmten Preis zu bezahlen, was Qualität ist, was ihm Funktion und Gestaltung wert sind. Hiermit können wir also festhalten:

1. Qualität ist umfassend, sie betrifft Produkte und Leistungen aller Art, in allen Bereichen des öffentlichen und privaten Lebens.

2. Qualität kann in einer freien Marktwirtschaft nur aus der Sicht des Kunden, des Anwenders zutreffend beurteilt werden. Nur der Anwender entscheidet, was sie ihm wert ist.

3. Qualität erzielt ihre Wirkung durch den Gesamteindruck. Bereits kleine Mängel können das Bild eines objektiv guten Gesamtzustandes trüben oder zerstören.

Soweit zur Definition, jetzt zur Position im Unternehmensumfeld.

Die Bedeutung der Qualität als Wettbewerbsfaktor, wie sie heute diskutiert wird, hat im industriellen Bereich einen langen Weg hinter sich. Für das Handwerk war und ist Qualität ein hohes Ziel. Im Verlags- und Manufakturwesen des 17. und 18. Jahrhunderts führte man, anders als im Handwerk, hohe Arbeitsteiligkeit ein. Mit gering qualifizierten Arbeitskräften wollte man große Mengen von Gütern des täglichen Bedarfs kostengünstig produzieren. Der Herstellungsprozeß wurde in zahlreiche Teilschritte zerlegt, die jeweils von Einzelpersonen erledigt wurden. Hiermit waren Prüfvorgänge notwendig geworden, um Qualität zu sichern. Herstell- und Prüfvorgänge wurden von verschiedenen Personen erledigt. Das sollte sicherstellen, daß nur geprüfte Ware auf den Markt gelangte.

Mit dem Taylorismus wurde die Trennung von Arbeitsausführung und Arbeitskontrolle zu Beginn des 20. Jahrhunderts industriell vervollkommnet. Qualität war nicht mehr unbedingt nur die Folge von Arbeitsprozessen höchster Präzision, sondern vielfach auch das Ergebnis intensiver und perfekter Prüf-, Selektions- und Nachbesserungsvorgänge. Diese Arbeitsteiligkeit wurde bis heute weiterentwickelt. Heute gibt es in jedem Industrieunternehmen für die Qualitätssicherung eine eigene Organisation.

Allerdings befindet sich heute die Produktionsphilosophie in einem Wandel.

1. Der Begriff der Produktion ist umfassender geworden, er erfaßt nicht mehr nur den Fertigungsprozeß, sondern alle Wertschöpfungsstufen, also Marketing und Entwicklung ebenso wie Vertrieb und Service. In diesem Produktionsprozeß müssen Arbeitsausführung und Kontrolle wieder zu einer Einheit zusammenwachsen. Wir können es uns nicht mehr leisten, Fehler zu beseitigen. Fehler müssen von vornherein vermieden werden. Es ist teurer, Fehler zu beseitigen, als sie zu vermeiden.

2. Mit dem Wettbewerbsfaktor Qualität hat insbesondere die japanische Industrie bei ihrer Entwicklung zum weltwei-

ten Anbieter von sogenannten High-Tech-Produkten während der letzten Jahrzehnte neue Maßstäbe gesetzt. Japan hat Qualität als „Waffe“ in der Auseinandersetzung der Elektronik-Industrien innerhalb der Triade erfolgreich eingesetzt. Zusammen mit einer günstigeren Kostenposition konnte Japan viele Märkte für sich gewinnen. Hierbei hat die günstige Kostenposition zwei wesentliche Ursachen: Die schlechtere Qualität des sozialen Netzes, die in niedrigen Lohnnebenkosten zum Ausdruck kommt, und die längere Arbeitszeit als bei uns in Deutschland und Europa allgemein. Um wettbewerbsfähig zu bleiben, müssen wir, die Deutschen und die anderen Europäer auf Gegenstrategien sinnen.

Sie alle, meine Damen und Herren, benutzen mit großer Wahrscheinlichkeit das eine oder andere japanische Gerät. Entweder ist Ihr CD-Player, Ihr Camcorder, Ihr Fotoapparat oder vielleicht sogar Ihr Auto japanischer Herkunft. Kaufentscheidend für Sie war in den meisten Fällen der Preis. Wahrscheinlich sind Sie auch mit der Qualität dieser Produkte durchaus zufrieden. Japan hat auf dem Feld der Gebrauchsgüter vielfach obsiegt, beherrscht weite Teile der Weltmärkte.

Aber, wie wir wissen, sind diese Produkte nur ein Teil unseres Bedarfs. Wir wohnen in Häusern, die von Europäern mit europäischen Maschinen gebaut sind. Unsere Möbel sind auf europäischen Maschinen hergestellt. Europäische Maschinen bauen Straßen und Kraftwerke, d.h., sie produzieren Produkte und Anlagen hoher Qualität. Unsere Industrie hat sich also trotz der höheren Arbeitskosten durch permanent gestiegene Produktivität bisher in weiten Teilen wettbewerbsfähig halten können, bei den Kosten und auch beim Wettbewerbsfaktor Qualität.

Dieser Zwang zu hoher Produktivität hat den Einsatz von Automatisierung in Fabrik und Büro gefordert und gefördert. Automatisierung einzuführen ist aber dienstleistungsintensiv. Hierdurch ist beispielsweise der Anteil der sogenannten Software an der Gesamtleistung der Elektroindustrie Deutschlands in den letzten Jahren immer mehr gestiegen.

Dies hat zu dramatischen Veränderungen in der Mitarbeiterstruktur geführt – heute kommen in einigen Bereichen der Industrie zwei Angestellte auf einen Arbeiter, vor 20 Jahren noch war das Verhältnis umgekehrt.

Trotz aller Bemühungen, Werkzeuge zu ersinnen und einzusetzen, die kostensparend wirken, ist und bleibt die Software-Erstellung personal- und damit kostenintensiv.

Genauso personal- und kostenintensiv sind und bleiben andere industrielle Dienstleistungen. Und hier sind wir Deutschen nicht wettbewerbsfähig. In unserem Hause haben wir kürzlich einen Vergleich der Kosten einer Arbeitsgruppe von Ingenieuren in einem Entwicklungsbereich in Karlsruhe mit einer mit gleichartigen Aufgaben beschäftigten Entwicklungsmannschaft in den USA gemacht. Die Arbeitsergebnisse beider Gruppen können als gleichwertig angesehen werden, sie wurden auch mit dem gleichen Zeitbedarf erarbeitet. Herausgekommen ist, daß die Amerikaner bei gleichem Gehalt auf der Basis des heutigen Dollarkurses pro Stunde nur halb so viel kosten, wie unsere deutschen Ingenieure.

Was ist der Grund dafür? Der Grund dafür ist die Qualität der Arbeitsbedingungen. Der Grund dafür ist der Unterschied im sozialen Netz. Der Grund ist die längere Arbeitszeit der Amerikaner.

Unsere Lohnnebenkosten liegen bei 86% des Direktentgeldes, die in den USA bei 35%. Die effektive jährliche Arbeitszeit liegt in Deutschland bei 1650 Stunden, in den USA bei 1900 Stunden. Ein Vergleich mit Japan zeigt für uns noch ungünstigere Werte.

Ich spreche hier über den Wettbewerbsfaktor Qualität. Bei einigen Produkten haben wir unsere Wettbewerbsfähigkeit eingebüßt. Bei anderen Produkten und dem komplexen, dienstleistungsorientierten Anlagengeschäft sind wir mit Einschränkungen wettbewerbsfähig, aber stark bedroht.

Wenn aber die Qualität unseres sozialen Systems auf den Prüfstand gestellt würde – dann wären wir Weltmeister. Die meisten von uns sind Nutznießer dieser sozialen Errungenschaften und froh über die Sicherheit, die sie uns geben.

Die Frage ist aber, ob sich ein Land, das aufgrund seiner

hohen Exportabhängigkeit in weltweitem Wettbewerb steht – mehr als die Amerikaner und auch mehr als die Japaner –, sich ein solches Auseinanderklaffen von Arbeitszeit und Kosten für das soziale System gegenüber seinen Wettbewerbern leisten kann. Trotz alledem beansprucht der Versuch zu dessen weiterem Ausbau einen Großteil unserer Diskussionen im Betrieb und in den Medien, so, als ob wir auf einer Insel der Seligen lebten und nicht im internationalen Wettbewerb.

Lassen Sie mich jetzt noch einmal auf den industriellen Produktionsprozeß und hier besonders auf die Rolle der Qualität eingehen. Ich hatte gesagt:

- Im Produktionsprozeß müssen Arbeitsausführung und Arbeitskontrolle wieder näher zusammenkommen, um die Kosten für die Herstellung von Produkten und Leistungen hoher Qualität senken zu können.
- Außerdem muß das Verständnis dieses Prozesses auf alle in der Leistungskette beteiligten Funktionen ausgedehnt werden – also auch auf Vertrieb, Marketing, Entwicklung, Service und Weiterbildung.
- Mit zunehmendem Software-Anteil an Produkt- und Projektkosten werden Fehler in der Software immer schwerwiegender – die Funktion Entwicklung nimmt deshalb immer mehr Einfluß auf die Qualität von Produkten und Leistungen.

Diese neuen Aufgabenstellungen bringen Veränderungen in die Unternehmen. Voraussetzung für diese Neuorientierung ist ein wachsender Anteil an besserqualifizierten Mitarbeitern. Bei vielen der heutigen Mitarbeiter sind Berufserfahrung und Berufsbild noch vom Taylorismus geprägt. Ohne eine Änderung dieser Haltung, ohne mehr Identifikation mit Arbeitsprozeß und Arbeitsergebnis bleibt der Erfolg, die Qualität zu steigern, jedoch fraglich. Hier ist daher das Management gefordert, das ein Arbeitsklima schaffen muß, in dem Engagement, Solidarität und Identifikation gedeihen können.

Qualität herzustellen und nicht zu „erprüfen“, das erfordert ein neues Denken bei Management und Mitarbeitern.

Ein Wandel auf diesem Gebiet ist in der deutschen Industrie allenthalben festzustellen. Auch hier haben uns die Japaner Wege gewiesen. Sie alle kennen die Stichworte „Kaizen" – der Prozeß der kontinuierlichen Verbesserung – und „Lean Production" – die schlanke Produktion. Die Historie dieser Produktionsphilosophien reicht bei den Japanern Jahrzehnte zurück. Letztlich sind sie eine Konsequenz aus der Haltung des Japaners gegenüber Qualität und Verschwendung.

Ich fasse zusammen:

1. Gestiegene Anforderungen der Kunden bei zunehmender Konkurrenz auf dem Gebiet industrieller Produkte und Anlagen haben Qualität zu einer Schlüsselfunktion im Wettbewerb werden lassen. Dabei zeigen Qualität und Kosten heute noch durchweg gegenläufige Bewegungen. Hier hat ein Umdenken eingesetzt. Durchgängigere Qualitätssicherungssysteme steigern die Qualität bei reduzierten Kosten. Ein neuer Begriff dafür ist „Total Quality Management".

2. Bei Dienstleistungen erwartet der Kunde Präsenz des Dienstleisters vor Ort. Deshalb ist das „Outsourcen" von Dienstleistungen aus dem Ausland, also der Import von Dienstleistungen, schwierig. Der Dienstleister steht daher nicht im gleichen Wettbewerb mit Ländern anderer sozialer Struktur wie der Hersteller von Produkten. Das gilt nicht unbedingt bei Softwarearbeiten, soweit sie Teile von Produkten sind. Hier werden kostengünstigere Länder – dazu gehören auch die Vereinigten Staaten von Amerika – Marktanteile gewinnen.

3. Die Qualität unseres sozialen Netzes ist einmalig, aber diese Qualität kostet zu viel. Sie ist als Wettbewerbsfaktor kontraproduktiv, sie belastet unsere internationale Wettbewerbsfähigkeit.

Wir müssen daran interessiert sein und wir müssen daran arbeiten, daß wir das Erreichte nicht in Gefahr bringen. Man kann die Belastbarkeit der Wirtschaft nicht ohne bleibende Schäden austesten – und eine funktionierende Wirtschaft ist die Voraussetzung für diese Errungenschaften.

Qualität herzustellen kostet Geld – auch Lebensqualität kostet Geld. Der internationale Wettbewerb zwingt einerseits zu steigenden Anstrengungen, begrenzt aber auch andererseits Möglichkeiten, alle Wünsche zu erfüllen.

Die Referenten

Dr. Helmut Kohl
Bundeskanzler der Bundesrepublik Deutschland

Dr. Jürgen Friedrichs
Universitätsprofessor und Inhaber des Lehrstuhls für Soziologie an der Universität zu Köln

Dr. Yasusada Yawata
Universitätsprofessor für Soziologie an der Sophia-Universität in Tokio

Dr. Manfred Buchwald
Intendant des Saarländischen Rundfunks, Saarbrücken

Dr. Volker Trommsdorff
Universitätsprofessor und Inhaber des Lehrstuhls für Marketing an der Freien Universität Berlin

Günter Wilhelm
Mitglied des Zentralvorstands der Siemens AG

www.ingramcontent.com/pod-product-compliance
Lightning Source LLC
LaVergne TN
LVHW042248300926
849161LV00003B/517